普通高等教育"十二五"规划教材

传 输 现 象

梁铎强　陈奇志　主编

U0342690

北 京

冶金工业出版社

2015

内 容 提 要

本教材简要介绍了动量传输、热量传输、质量传输的基本概念和基本规律以及相似原理和量纲分析，重点介绍了动量传输规律在有压圆管流、边界层流动、一维气体动力学中的应用，热量传输在导热中的应用、质量传输在扩散传质和对流传质中的应用。

本教材可供热动、化工、冶金、能源、动力、建筑等理工科专业的高等院校学生使用。

图书在版编目（CIP）数据

传输现象／梁铎强，陈奇志主编. —北京：冶金工业出版社，2015.5

普通高等教育"十二五"规划教材

ISBN 978-7-5024-6877-4

Ⅰ.①传…　Ⅱ.①梁…　②陈…　Ⅲ.①输运理论—高等学校—教材　Ⅳ.①O369

中国版本图书馆 CIP 数据核字（2015）第 062430 号

出 版 人　谭学余

地　　　址　北京市东城区嵩祝院北巷 39 号　邮编　100009　电话　（010）64027926

网　　　址　www.cnmip.com.cn　电子信箱　yjcbs@cnmip.com.cn

责任编辑　杨秋奎　加工编辑　李维科　美术编辑　杨 帆

版式设计　孙跃红　责任校对　禹 蕊　责任印制　牛晓波

ISBN 978-7-5024-6877-4

冶金工业出版社出版发行；各地新华书店经销；中煤涿州制图印刷厂北京分厂印刷

2015 年 5 月第 1 版，2015 年 5 月第 1 次印刷

169mm×239mm；8 印张；156 千字；118 页

22.00 元

冶金工业出版社　投稿电话　（010）64027932　投稿信箱　tougao@cnmip.com.cn

冶金工业出版社营销中心　电话　（010）64044283　传真　（010）64027893

冶金书店　地址　北京市东四西大街46号（100010）　电话　（010）65289081（兼传真）

冶金工业出版社天猫旗舰店　yjgy.tmall.com

（本书如有印装质量问题，本社营销中心负责退换）

前　言

传输现象是一门研究动量传输、热量传输和质量传输过程的课程。本教材根据编者多年的教学讲义《冶金传输原理》编写而成，旨在培养理工科学生建立物理和数学结合的意识和能力，加深学生对基本概念、基本定律和基本公式的理解，引导读者对宏观低速物理的学习，培养学生使用数学语言构建物理学框架的能力。

本教材的特点包括：

（1）注重概念和思路的阐述。培养学生建立物理和数学结合的意识和能力，不纠缠于例题和计算；配备的电子版习题采用选择题、判断题的形式，引导学生对动量传输、热量传输和质量传输理论的理解和应用。

（2）入门为先，兼顾兴趣。让学生快速入门，激励学生兴趣，从而自主加强基础的学习。

本教材简要介绍了动量传输、热量传输、质量传输的基本概念、基本规律以及相似原理和量纲分析，重点介绍了动量传输规律在有压圆管流、边界层流动、一维气体动力学中的应用，热量传输在导热中的应用，质量传输在扩散传质和对流传质中的应用。

本教材第1~7和10章由梁铎强负责编写，第8、9、11、12章由陈奇志负责编写，最后由梁铎强统稿。本教材部分图稿由广西工业职业技术学院建筑工程系的刘芳远绘制，校对由广西大学资源与冶金学院的经民富、唐中琴、杨译、胡广、郭春江、罗超、田兰、郭彬、简仪文、刘卓、孙铭、国强负责。在此一并表示感谢。

　　本教材配备有电子版习题集，读者可联系出版社和编者获取。

　　由于编者水平所限，教材中存在的错误和不足，请读者予以指正。读者的建议和疑问也可以通过 QQ 群（号码：392846769）与编者沟通。

编　者

2015 年 1 月

目　录

0 绪 论

传输过程是动量传输、热量传输、质量传输过程的总称，简称"三传"或者"传递现象"。一般而言，动量传输是在垂直于流体流动的方向上，动量从高速度区向低速度区的转移。热量传输是热量从高温度区向低温度区的转移。质量传输是物系中一个或几个组分从高浓度区向低浓度区的转移。在"三传"中，热量传输（对应传热学）是线索，动量传输（对应流体力学）是难点，而相似原理和量纲分析把三者有机联系在一起。

0.1 关于传输现象的建立

热量传输是线索，可以通过回顾传热学的发展简史了解传热学、流体力学、相似原理和传质学之间的关系。

18 世纪以瓦特改良的蒸汽机为标志，首先从英国开始的工业革命促进了生产力的空前发展。以伽利略、培根、笛卡儿为代表的近代科学家为科技的发展在思想上扫平了障碍，力学、热力学、电学等学科相继建立。传热学也是这个时期建立起来的。导热和对流两种基本热量传递方式早已为人们所认识，第三种热量传递方式则是在 1803 年发现了红外线后才确认的，它就是热辐射方式。

流体流动的理论是对流换热理论的必要前提。1738 年瑞士数学家伯努利在其著作《流体动力学》中提出了伯努利方程。1755 年欧拉在其著作《流体运动的一般原理》中提出理想流体概念，并建立了理想流体基本方程和连续方程，从而提出了流体运动的解析方法，同时提出了速度势的概念。1781 年拉格朗日首先引进了流函数的概念。1823 年纳维提出的流动方程可适用于不可压缩性流体。该方程于 1845 年经斯托克斯改进为纳维-斯托克斯方程，完成了建立流体流动基本方程的任务。然而，由于方程式的复杂性，只能对极少数简单流动进行求解，发展遇到了困难。这种局面一直到 1880 年雷诺提出的对流动有决定性影响的无量纲物理量群之后才有所改观，这个物理量群后被称为雷诺数。在 1880～1883 年间雷诺进行了大量实验研究，发现在雷诺数的数值为 1800～2000 之间时，管内流动层流向湍流发生转变澄清了实验结果之间的混乱，对指导实验研究作出了重大贡献。但与此同时，对于比单纯流动更为复杂的对流换热问题的理论求解的进展却不大。

1881 年洛伦兹提出自然对流的理论解，1885 年格雷茨和 1910 年努塞尔特分别提出管内换热的理论解及 1916 年努塞尔特提出凝结换热理论解，虽然对对流换热问题的理论求解作出了贡献，但这些成果数量太少。具有突破意义的进展要首推 1909 年和 1915 年努塞尔特两篇论文所作的贡献。他对强制对流和自然对流的基本微分方程及边界条件进行量纲分析，并获得了有关无量纲数之间的原则关系，开辟了在无量纲数原则关系的正确指导下，通过实验研究求解对流换热问题的一种基本方法，有力地促进了对流换热研究的发展。由于量纲分析法在 1914 年才由白金汉提出，相似理论则在 1931 年才由基尔皮切夫等发表，因此努塞尔特的成果有其独创性，使其成为发展对流换热理论的杰出先驱。

在微分方程的理论求解上，两个方面的进展发挥了重要作用。一方面是普朗特于 1904 年提出的边界层概念。他认为，低黏性流体只有在横向速度梯度很大的区域内才有必要考虑黏性的影响，这个范围主要处在与流体接触的壁面附近，而在其外的主流则可以当做无黏性流体处理。这是一个经过深思熟虑、切合实际的论断。在边界层概念的指导下，微分方程得到了合理的简化，有力地推动了理论求解的发展。1921 年波尔豪森在流动边界层概念的启发下又引进了热边界层的概念，1930 年他与施密特及贝克曼合作，成功地求解了竖壁附近空气的自然对流换热。数学家与传热学家合作，发挥各自的长处，成为科学研究史上成功合作的范例。另一方面是湍流计算模型的发展。1925 年的普朗特比拟，1939 年的卡门比拟以及 1947 年马丁纳利的引申记录着早期发展的轨迹。由于湍流问题在应用上的重要性，湍流计算模型的研究随着对湍流机理认识的不断深化而蓬勃发展，逐渐发展成为传热学研究中的一个令人瞩目的热点，它也有力地推动着理论求解向纵深发展。还应该提到，在对流换热理论的近代发展中，麦克亚当、贝尔特和埃克特先后作出了重要贡献。

20 世纪 60 年代以后，计算流体力学得到了迅速的发展，流体力学内涵不断地得到了充实与提高。值得一提的是，亥姆霍兹在流体力学上也作出了非凡的贡献。1858 年亥姆霍兹指出了理想流体中旋涡的许多基本性质及旋涡运动理论，并于 1887 年提出了脱体绕流理论。

0.2 传输过程的研究方法

传输过程的研究方法与物理学中其他领域的研究方法一样，主要有理论研究、实验研究和数值计算三种方法。

（1）理论研究方法：传输理论以物理学的三个基本定律（质量守恒定律、牛顿第二定律、热力学第一定律）为依据。

理论研究方法一般分为三个阶段：1）确定简化的物理模型；2）建立数学

模型，即针对物理模型建立数学模型；3）数学求解。

（2）实验研究方法：1）实验为简化物理模型提供依据；2）检验计算结果；3）数学模型不易建立时，可通过实验来进行研究。

（3）数值计算方法：数学计算方法随着计算机技术的发展而得到普通应用。

1 动量传输的基本概念

理论力学是流体力学的基础，流体力学是理论力学在流体上的应用，因此拥有扎实的理论力学，特别是运动学基础是很有必要的。读者宜侧重理论力学在流体中应用的过程。

1.1 流体的性质

1.1.1 流体、连续介质模型

1.1.1.1 流体

流体是能够流动的物体，如液体和气体，不能保持一定的形状，而是有很大的流动性。其与固体比较有以下特点：

（1）流体中，分子之间的空隙比在固体中的大，分子运动的范围也比在固体中的大，分子的移动与转动为其主要的运动形式，而固体中，分子绕固定位置振动是主要的运动形式。

（2）流体仅能抵抗压力，不能抵抗拉力或切力。流体受到切力作用时，就发生连续不断的变形，表现为流动性。固体可以抵抗压力、拉力和切力，在外力作用下通常发生较小变形，变形到一定程度后停止，直到破坏。流体分为液体与气体。其中液体具有一定体积，与盛装液体的容器大小无关，可以有自由面。

液体通常可看成不可压缩的流体。当对液体加压时，由于分子间距稍有缩小而出现强大的分子斥力来抵抗外压力。液体的分子间距很难缩小，因而可认为液体具有一定的体积。由于分子间引力的作用，液体有力求使自身表面积收缩到最小的特性，所以一定量的液体在大容器内只能占据一定的容积，而在其上部形成自由分界面。

气体分子间距大，为可压缩流体。气体既没有一定形状也没有一定体积。一定量气体在较大容器内，由于分子的剧烈运动将均匀充满容器，而不能形成自由表面。

当所研究的问题不涉及压缩性时，所建立的流体力学规律对液体与气体都适用；当涉及压缩性时，就必须对它们分别进行处理。

1.1.1.2 连续介质模型

在动量传输的研究中，不研究流体中个别分子的微观运动和分子之间的相互作用，如分子热运动、分子间的引力等，即使分子间的相互作用在流体中是存在的。动量传输研究的是由大量分子组成的宏观体积流体（流体质点）的运动，把研究对象视为占有一定空间由无限多个流体微团稠密无间隙地组成的连续介质。流体内的物理量如密度、速度、压力、黏度等也是连续分布的，是空间的连续函数，这样就可以用连续函数的解析方法来研究流体的动量传输了。

1.1.2 黏性和牛顿内摩擦定律

当流体运动时，流体内部各质点间或流层间会因相对运动而产生摩擦力以抵抗其相对运动，流体的这种性质称为黏性。黏性是流体的固有属性，是流体阻止自身发生剪切变形的一种特性。产生黏性的原因为：流体分子间的内聚力；流体分子和固体壁面之间的附着力；动量交换。

为了确定流体运动时黏滞力的大小及影响因素，牛顿经过大量实验研究提出了确定流体内摩擦力的所谓"牛顿内摩擦定律"。

如图 1-1 所示，A、B 为长宽足够大的平板，互相平行，设 B 板以 u_0 运动，A 板不动。由于黏性流体将黏附于它所接触的表面上（流体的边界无滑移条件），$u_上 = u_0$，$u_下 = 0$。实验结果表明速度自上而下递减，呈直线分布，取出两层，即快层速度为 $u+du$；慢层速度为 u。

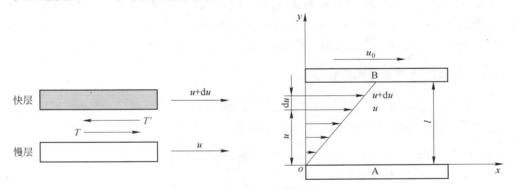

图 1-1 牛顿内摩擦实验示意图

相邻流层发生相对运动时，快层对慢层产生一个切力 T，使慢层加速，方向与流向相同。慢层对快层有一个反作用力 T'，使快层减速，方向与流向相反，这种阻止运动的力，称为阻力。T 与 T' 是大小相等，方向相反的一对力，分别作用在两个流体层的接触面上，这对力是在流体内部产生的，称为内摩擦力。

牛顿发现 T 和 du 成正比例，并用微积分进行严谨化分析，得到内摩擦定律：流体相对运动时，层间内摩擦力 T 的大小与流体性质有关，并与速度梯度和接触面积成正比，而与接触面上的压力无关，即：

$$T = \pm\mu A \frac{\mathrm{d}u}{\mathrm{d}y}$$

式中，T 为内摩擦力；μ 为动力黏性系数，与流体性质、温度有关；A 为接触面积；$\frac{\mathrm{d}u}{\mathrm{d}y}$ 为速度梯度。

黏性切应力是单位面积上的内摩擦力，即：

$$\tau = \frac{T}{A} = \pm\mu \frac{\mathrm{d}u}{\mathrm{d}y}$$

符合 $\tau = \pm\mu \frac{\mathrm{d}u}{\mathrm{d}y}$ 的流体为牛顿流体，不符合 $\tau = \pm\mu \frac{\mathrm{d}u}{\mathrm{d}y}$ 的流体为非牛顿流体。在本书的其他章节中讨论流体运动或动量传输过程等问题时，将只讨论牛顿流体。

1.2　静力学与流体

1.2.1　静压强

静压力是静止流体对受压面所作用的全部压力。静压强是受压面单位面积上所受的静压力。静压强的方向垂直指向受压面，或者说静压强的方向沿着受压面的内法线方向。静压强的大小与作用面的方位无关，即在仅受重力作用的静水中，任意一点处各个方向的静压强均相等。

1.2.2　水静力学的基本方程

帕斯卡定律表明，在同一种均质的静止液体中，任意一点的静压强与其淹没深度成正比，与液体的重度成正比，且任意一点的静压强的变化，将等值地传递到液体的其他各点。因为 $\mathrm{d}p = -\gamma\mathrm{d}z$，所以静流体力学基本方程又可写为：$\frac{p}{\gamma} + z = c$ 或 $z_1 + \frac{p_1}{\gamma} = z_2 + \frac{p_2}{\gamma}$。静流体力学基本方程的意义在于：

（1）位置水头 z：任意一点在基准面以上的位置高度，表示单位重量流体从某一基准面算起所具有的位置势能，简称位置水头，或单位位能，或比位能。

（2）测压管水头 p/γ：表示单位重量流体从压强为大气压算起所具有的压强势能，简称比压能，或单位压能，或压强水头。

（3）测压管水头 $\left(z + \frac{p}{\gamma}\right)$：单位重量流体的比势能，或单位势能，或测压管水头。仅受重力作用且处于静止状态的流体中，任意点对同一基准面的单位势能为一个常数，即各点测压管水头相等，位头增高，压头减低。在均质（γ = 常数）、连通的液体中，水平面（$z_1=z_2=$常数）必然是等压面（$p_1=p_2=$常数）。

1.2.3　压强的表示方法及单位

压强的表示方法分三种：（1）绝对压强，是以绝对真空状态下的压强（绝对零压强）为基准计量的压强，用p_{abs}表示，$p_{abs}\geqslant0$；（2）相对压强，又称"表压强"，是以当地工程大气压p_a为基准计量的压强，用p表示，$p=p_{abs}-p_a$，可正可负，也可为零；（3）真空，是指绝对压强小于一个大气压的受压状态，$p_{abs}\geqslant0$，相对压强出现负值时，真空值与相对压强大小相等，正负号相反。

1.2.4　作用在流体上的力

按照作用力的性质和作用方式，可分为质量力和表面力（面力）两类。

其中，质量力也叫体积力、彻体力，是外力场作用于流体微团质量中心，大小与微团质量成正比的非接触力。例如离心力、重力、惯性力和磁流体具有的电磁力等都属于彻体力。由于质量力按质量分布，故一般用单位质量的彻体力表示，并且往往写为分量形式：

$$f_V = \lim \frac{\Delta F_V}{\rho \Delta V} = f_x \boldsymbol{i} + f_y \boldsymbol{j} + f_z \boldsymbol{k}$$

式中，ΔV是微团体积；ρ为密度；ΔF_V为作用于微团的彻体力；$\boldsymbol{i}$、$\boldsymbol{j}$、$\boldsymbol{k}$分别是三个坐标方向的单位向量；f_x、f_y、f_z分别是三个方向的单位质量的彻体力分量。

表面力指相邻流体或物体作用于所研究流体团块外表面，大小与流体团块表面积成正比的接触力。由于按面积分布，故用接触应力表示，并可将其分解为法向应力和切向应力，即：

$$p_n = \lim \frac{\Delta F_c}{\Delta A} = \lim \frac{\Delta P}{\Delta A} + \lim \frac{\Delta T}{\Delta A}$$

法向应力与切向应力（即摩擦应力）组成接触应力：$p_n=p+\tau$。图1-2中的表

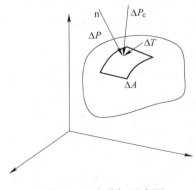

图1-2　面力分解示意图

面力对所指定的流体团块来说则是外力，对整个流体而言是内力。流体内任取一个剖面一般有法向应力和切向应力，但切向应力完全是由黏性产生的，而且流体的黏性力只有在流动时才存在，静止流体是不能承受切向应力的。

1.3　运动学与流体

1.3.1　流体运动的描述

流体运动学研究流体的运动规律，包括描述流体运动的方法、质点速度、加速度的变化和所遵循的规律。流体和固体不同，流体运动是由无数质点构成的连续介质的流动。

描述流体运动有两种方法，即拉格朗日法和欧拉法。

1.3.1.1　拉格朗日法

拉格朗日法是把流体的运动看作无数个质点运动的总和，以部分质点作为观察对象加以描述，将这些质点的运动汇总起来，就得到整个流动。拉格朗日法也称为迹线法，如图 1-3 所示。

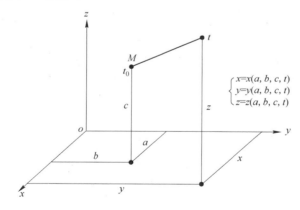

图 1-3　拉格朗日法

拉格朗日法为识别所指定的质点，用起始时刻的坐标（a，b，c）作为该质点的标志。其位移就是起始坐标和时间变量的连续函数（见图 1-3）。

$$\begin{cases} x = x(a,\ b,\ c,\ t) \\ y = y(a,\ b,\ c,\ t) \\ z = z(a,\ b,\ c,\ t) \end{cases}$$

式中，a、b、c、t 为拉格朗日变数。

当研究某一指定的流体质点时。起始坐标 a、b、c 是常数，该式所表达的是质点的运动轨迹。速度和加速度都是针对某一流体质点而言的，所以，将该式对时间求一阶和二阶偏导数，在求导过程中 a、b、c 视为常数，可得该质点的速度和加速度。

速度：

$$\begin{cases} u_x = \dfrac{\partial x}{\partial t} = \dfrac{\partial x(a,\ b,\ c,\ t)}{\partial t} \\[3mm] u_y = \dfrac{\partial y}{\partial t} = \dfrac{\partial y(a,\ b,\ c,\ t)}{\partial t} \\[3mm] u_z = \dfrac{\partial z}{\partial t} = \dfrac{\partial z(a,\ b,\ c,\ t)}{\partial t} \end{cases}$$

加速度：

$$\begin{cases} a_x = \dfrac{\partial u_x}{\partial t} = \dfrac{\partial^2 x}{\partial t^2} \\[3mm] a_y = \dfrac{\partial u_y}{\partial t} = \dfrac{\partial^2 y}{\partial t^2} \\[3mm] a_z = \dfrac{\partial u_z}{\partial t} = \dfrac{\partial^2 z}{\partial z^2} \end{cases}$$

拉格朗日法是质点动力学方法的扩展，物理概念清晰。但由于流体质点的运动轨迹极其复杂，应用这种方法描述流体的运动在数学上存在困难，在实际应用上也不需要了解质点运动的全过程。所以，除个别的流动外，都应用欧拉法描述，本书后续内容均属欧拉法。

1.3.1.2 欧拉法

欧拉法是以流动的空间作为观察对象，观察不同时刻各空间点上流体质点的运动参数，将各个时刻的情况汇总起来，就描述了整个流动。欧拉法也称为流线法。

由于欧拉法以流动空间作为观察对象，每时刻各空间点都有确定的运动参数，这样的空间称为流场，包括速度场、压强场、密度场等，分别表示为：

$$\boldsymbol{u} = \boldsymbol{u}(x,\ y,\ z,\ t)$$

$$\left.\begin{array}{l} u_x = u_x(x,\ y,\ z,\ t) \\ u_y = u_y(x,\ y,\ z,\ t) \\ u_z = u_z(x,\ y,\ z,\ t) \end{array}\right\} \boldsymbol{u}$$

$$p = p(x,\ y,\ z,\ t)$$

$$\rho = \rho(x,\ y,\ z,\ t)$$

式中，空间坐标 x、y、z 和时间变量 t 称为欧拉变数。例如气象预报，就是由设在各地的气象台在规定的同一时间进行观测，并把观测到的气象资料汇总，绘制成该时刻的天气因子，据此发布预报，这样的方法称为欧拉法。

下面讨论欧拉法质点加速度的表达式，求质点的加速度，就要跟踪观察这个质点沿程速度的变化，速度表达式 $\boldsymbol{u}=\boldsymbol{u}(x,\ y,\ z,\ t)$ 中的坐标 x、y、z 是质点运动轨迹上的空间点坐标，不能视为常数，而是时间 t 的函数，即 $x=x(t)$、$y=y(t)$、$z=z(t)$。加速度需按复合函数求导法则导出：

$$\begin{cases} a_x = \dfrac{\partial u_x}{\partial t} + u_x \dfrac{\partial u_x}{\partial x} + u_y \dfrac{\partial u_x}{\partial y} + u_z \dfrac{\partial u_x}{\partial z} \\[2mm] a_y = \dfrac{\partial u_y}{\partial t} + u_x \dfrac{\partial u_y}{\partial x} + u_y \dfrac{\partial u_y}{\partial y} + u_z \dfrac{\partial u_y}{\partial z} \\[2mm] a_z = \dfrac{\partial u_z}{\partial t} + u_x \dfrac{\partial u_z}{\partial x} + u_y \dfrac{\partial u_z}{\partial y} + u_z \dfrac{\partial u_z}{\partial z} \end{cases} \qquad (1\text{-}1)$$

式中包括：因速度场随时间变化引起的加速度，称为当地加速度或时变加速度，它是区分稳定流动和非稳定流动的依据；速度场随位置变化引起的加速度，称为迁移加速度或位变加速度，它是区分均匀流动和非均匀流动的依据。举例说明如下：

水箱中的水经收缩管流出（见图 1-4），若水箱无来水补充，水位逐渐降低，管轴线上质点的速度随时间减小，当地加速度 $\dfrac{\partial u_x}{\partial t}$ 为负值。同时管道收缩，质点的速度随迁移而增大，则迁移加速度 $u_x \dfrac{\partial u_x}{\partial x}$ 为正值，所以该质点的加速度为 $a_x = \dfrac{\partial u_x}{\partial t} + u_x \dfrac{\partial u_x}{\partial x}$。

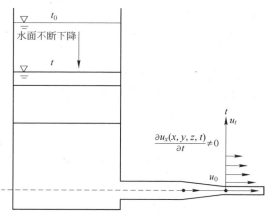

图 1-4　时变加速度产生说明

若水箱有水补充，水位保持不变，质点的速度不随时间变化，当地加速度

$\dfrac{\partial u_x}{\partial t}=0$，但仍有迁移加速度，该质点的加速度为 $a_x=u_x\dfrac{\partial u_x}{\partial x}$。

若出水管是等直径的直管，且水位片保持不变（见图 1-5），管内流动的水质点，既无当地加速度，也无迁移加速度，即 $a_x=0$。

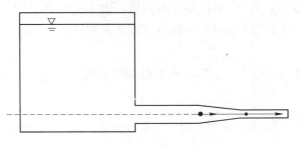

图 1-5　位变加速度产生说明

1.3.2　与欧拉法有关的基本概念

1.3.2.1　流线和迹线

为了将流动的数学描述转换成流动图像，特引入流线的概念。所谓流线是指某一瞬时无穷多流体质点运动趋势的连线，即某一瞬时确定时刻流场中所作的空间曲线，线上每一点处质点在该时刻的速度矢量，都与曲线相切（见图 1-6）。

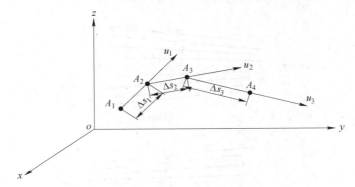

图 1-6　流线的画法

流线具有以下性质：

（1）同一时刻的不同流线，不能相交。根据流线定义，在交点的液体质点的流速向量应同时与这两条流线相切，即一个质点不可能同时有两个速度向量。

（2）流线不能是折线，而是一条光滑的曲线，流体是连续介质，各运动要素是空间的连续函数。

（3）流线簇的疏密反映了速度的大小，对不可压缩流体，元流的流速与其过水断面面积成反比。根据流线的定义，可直接得出流线的微分方程。设 t 时刻，在流线上某点附近取微元流段矢量 $\mathrm{d}\boldsymbol{r}$，$\boldsymbol{u}$ 为该点的速度矢量，两者方向一致，所以 $\mathrm{d}\boldsymbol{r} \times \boldsymbol{u} = 0$，也可以写成 $\dfrac{\mathrm{d}x}{u_x} = \dfrac{\mathrm{d}y}{u_y} = \dfrac{\mathrm{d}z}{u_z}$。该式包括两个独立方程，式中 u_x、u_y、u_z 是空间坐标 x、y、z 和时间 t 的函数。因为流线是对同一时刻而言，所以微分方程中，时间 t 是参变量，在积分求流线方程时作为常数。

迹线是指某一质点在某一时段内的运动轨迹线。由运动方程为 $\begin{cases} \mathrm{d}x = u_x \mathrm{d}t \\ \mathrm{d}y = u_y \mathrm{d}t \\ \mathrm{d}z = u_z \mathrm{d}t \end{cases}$，也

可以写成 $\dfrac{\mathrm{d}x}{u_x} = \dfrac{\mathrm{d}y}{u_y} = \dfrac{\mathrm{d}z}{u_z} = \mathrm{d}t$，式中，时间 t 是自变量，x、y、z 是 t 的因变量。

流线和迹线是两个不同的概念，但在恒定流中，流线不随时间变化，流线上的质点继续沿流线运动，此时流线和迹线在几何上是一致的，两者重合。

1.3.2.2 流管、过水断面、元流和总流

A 流管、流束

在流场中任取不与流线重合的封闭曲线，过曲线上各点作流线，所构成的管状表面称为流束（见图 1-7）。因为流线不能相交，所以流体不能由流管壁出入。恒定流中流线的形状不随时间变化，所以恒定流流管、流束的形状也不随时间变化。

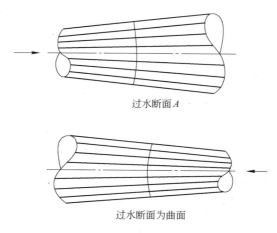

过水断面 A

过水断面为曲面

图 1-7 流管和过水断面

B 过水断面

在流束上作出的与流线正交的横断面是过水断面。只有在过水断面相互平行的均匀流段，过水断面才是平面（见图 1-7）。

C 元流和总流

元流是过水断面无限小的流束，几何特征与流线相同。由于元流的过水断面无限小，断面上各点的运动参数如 z（位置高度）、u（流速）、p（压强）均相同。

总流是过水断面为有限大小的流束，是由无数元流构成的，断面上各点的运动参数在一般情况下是不同的。

1.3.2.3 流量、断面平均流速

A 流量

单位时间内通过某一过水断面的流体体积称为该断面的体积流量，简称流量，液体一般用流量；单位时间内通过某一过水断面的流体质量称为质量流量，气体一般用质量流量。如以 dA 表示过水断面的微元面积，u 表示该点的速度，则体积流量为 $Q = \int_A u dA$；质量流量为 $Q_m = \int_A \rho v dA$。对于均质不可压缩液体，密度 ρ 为常数，则 $Q_m = \rho Q$。

B 断面平均流速

总流过水断面上各点的流速 v 一般是不相等的，以管流为例，管壁附近流速较小，轴线上流速最大（见图 1-8）。

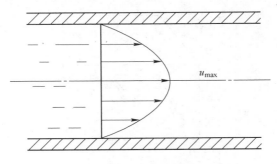

图 1-8 圆管均匀流

为了便于计算，设想过水断面上流速 v 均匀分布，通过的流量与实际流量相同，流速 v 定义为该断面的平均流速，即 $Q = \int_A u dA = vA$ 或 $v = \dfrac{Q}{A}$（可认为是曲面积分的中值定理）。

1.3.3 流体微团运动的分析

欧拉法是以流线为基础建立的总流运动基本概念。按连续介质模型，流体是由无数质点构成的，要认识流场的特点需从分析质点运动入手。

1.3.3.1　微团运动的分解

根据连续介质理论的假设，流体微元体（也称微团）是流体运动的单元。流体微元体由无数质点构成，流动空间相比无限小，但又含有大量分子并存在其尺度效应（变形、旋转）。

刚体力学早已证明，刚体的一般运动可以分解为移动和转动两部分。流体是有流动性且极易变形的连续介质，因此流体微团在运动过程中，除移动和转动之外，还将有变形运动。1858 年德国力学家亥姆霍兹提出速度分解定理，从理论上解决了这个问题。

某时刻 t 在流场中取微团（见图 1-9），令其中一点 $o'(x, y, z)$ 为基点，速度 $\boldsymbol{u}=\boldsymbol{u}(x, y, z)$。在 o' 点的邻域任取一点 $M(x+\mathrm{d}x, y+\mathrm{d}y, z+\mathrm{d}z)$，$M$ 点的速度以 o' 点的速度的泰勒级数的前两项表示：

$$
\begin{cases}
u_{Mx} = u_x + \dfrac{\partial u_x}{\partial x}\mathrm{d}x + \dfrac{\partial u_x}{\partial y}\mathrm{d}y + \dfrac{\partial u_x}{\partial z}\mathrm{d}z \\[2mm]
u_{My} = u_y + \dfrac{\partial u_y}{\partial x}\mathrm{d}x + \dfrac{\partial u_y}{\partial y}\mathrm{d}y + \dfrac{\partial u_y}{\partial z}\mathrm{d}z \\[2mm]
u_{Mz} = u_z + \dfrac{\partial u_z}{\partial x}\mathrm{d}x + \dfrac{\partial u_z}{\partial y}\mathrm{d}y + \dfrac{\partial u_z}{\partial z}\mathrm{d}z
\end{cases}
$$

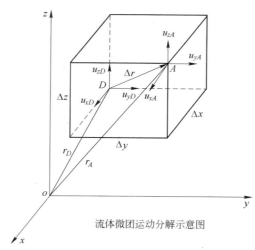

流体微团运动分解示意图

图 1-9　流体微团

为显示出移动、旋转和变形运动，对以上各式加减相同项，作恒等变换，即上述三式分别 $\pm\dfrac{\partial u_y}{2\partial x}\mathrm{d}y\pm\dfrac{\partial u_z}{2\partial x}\mathrm{d}z$，$\pm\dfrac{\partial u_z}{2\partial y}\mathrm{d}z\pm\dfrac{\partial u_x}{2\partial y}\mathrm{d}x$，$\pm\dfrac{\partial u_x}{2\partial z}\mathrm{d}x\pm\dfrac{\partial u_y}{2\partial z}\mathrm{d}y$。

并且令

$$\begin{cases} \varepsilon_{xx} = \dfrac{\partial u_x}{\partial x} \\[2mm] \varepsilon_{yy} = \dfrac{\partial u_y}{\partial y} \\[2mm] \varepsilon_{zz} = \dfrac{\partial u_z}{\partial z} \\[2mm] \varepsilon_{yz} = \varepsilon_{zy} = \dfrac{1}{2}\left(\dfrac{\partial u_z}{\partial y} + \dfrac{\partial u_y}{\partial z}\right) \\[2mm] \varepsilon_{zx} = \varepsilon_{xz} = \dfrac{1}{2}\left(\dfrac{\partial u_x}{\partial z} + \dfrac{\partial u_z}{\partial x}\right) \\[2mm] \varepsilon_{xy} = \varepsilon_{yx} = \dfrac{1}{2}\left(\dfrac{\partial u_y}{\partial x} + \dfrac{\partial u_x}{\partial y}\right) \end{cases}$$

$$\begin{cases} \omega_x = \dfrac{1}{2}\left(\dfrac{\partial u_z}{\partial y} - \dfrac{\partial u_y}{\partial z}\right) \\[2mm] \omega_y = \dfrac{1}{2}\left(\dfrac{\partial u_x}{\partial z} - \dfrac{\partial u_z}{\partial x}\right) \\[2mm] \omega_z = \dfrac{1}{2}\left(\dfrac{\partial u_y}{\partial x} - \dfrac{\partial u_x}{\partial y}\right) \end{cases}$$

则原式恒等于：

$$\begin{cases} u_{Mx} = u_x + (\varepsilon_{xx}\mathrm{d}x + \varepsilon_{xy}\mathrm{d}y + \varepsilon_{xz}\mathrm{d}z) + (\omega_y\mathrm{d}z - \omega_z\mathrm{d}y) \\ u_{My} = u_y + (\varepsilon_{yy}\mathrm{d}y + \varepsilon_{yz}\mathrm{d}z + \varepsilon_{yx}\mathrm{d}x) + (\omega_z\mathrm{d}x - \omega_x\mathrm{d}z) \\ u_{Mz} = u_z + (\varepsilon_{zz}\mathrm{d}z + \varepsilon_{zx}\mathrm{d}x + \varepsilon_{zy}\mathrm{d}y) + (\omega_x\mathrm{d}y - \omega_y\mathrm{d}x) \end{cases}$$

该式是微团运动速度的分解式，对式中各项的分析显示，液体微团运动的速度分解为移动、变形（包括线变形和角变形）和旋转几种运动速度的组合，这就是流体的速度分解定理。

1.3.3.2　有旋运动和无旋运动

在速度分解定理的基础上，将流体运动分为以下两种类型。

如在运动中，流体微团不存在旋转运动，即旋转角速度为零，称之为无旋运动，即：

$$\begin{cases} \dfrac{\partial u_z}{\partial y} = \dfrac{\partial u_y}{\partial z} \\[2mm] \dfrac{\partial u_x}{\partial z} = \dfrac{\partial u_z}{\partial x} \\[2mm] \dfrac{\partial u_y}{\partial x} = \dfrac{\partial u_x}{\partial y} \end{cases}$$

　　如在运动中流体微团存在旋转运动，即 ω_x、ω_y、ω_z 三者之中，至少有一个不为零，则称之为有旋运动。上述分类的依据仅仅是微团本身是否绕自身的轴旋转，不涉及是恒定流还是非恒定流，均匀流还是非均匀流，也不涉及微团（质点）运动的轨迹形状。即便微团运动的轨迹是圆，但微团本身无旋转，流动仍是无旋运动，只有微团本身有旋转，才是有旋运动。自然界中绝大多数流动都是有旋运动，这些有旋运动有些以明显可见的旋涡形式表现出来，如桥墩后的旋涡区，轮船船尾后面的旋涡，大气中的龙卷风等。在更多的情况下，有旋运动没有明显可见的旋涡，不是一眼能看出来的，需要根据速度场分析加以判别。

思　考　题

1. 如果流体的密度表示为 $\rho = \rho(x, y, z, t)$，分别写出它的当地导数和迁移导数的表达式。

2. 已知某不可压缩理想流体作稳定流动，其流函数为 $\psi = 6xy + 10ac$（其中 a、c 为常数）。

　（1）问该流场有旋还是有势？若有旋，求其旋转角速度；若有势，求其速度势函数。

　（2）若质量力只有重力时，求其压力分布方程式。

3. 什么是连续介质，在流体力学中为什么要建立连续介质这一理论模型？

4. 为什么要提出"平均流速"的概念，流体断面上某点的实际流速与断面的平均速度有什么关系？

5. 写出温度 t 对时间 θ 的全导数和随体导数，并说明温度对时间的偏导数、全导数、随体导数的物理意义。

6. 试述研究流体运动的拉格朗日法和欧拉法分别是什么。

2 动量传输的基本规律

本章可以认为是经典力学中的动力学在流体上的应用。流体力学奠基人纳维、普朗特等人最开始的工作都是弹性力学。流体力学概念、公理的建立都参考弹性力学。若先学习弹性力学基础知识，对流体力学知识框架建立的认知将是非常有利的。读者在学习过程中宜侧重培养使用数学语言表达流体动力学的能力，包括如何建立黏性不可压缩流体层流理论，通过最基本的方程导出伯努利方程。

2.1 连续性方程

连续性方程是流体力学基本方程之一，是质量守恒原理的流体力学表达式。

2.1.1 连续性微分方程

在流场中取微小直角六面体空间为控制体，正交的三个边长 dx、dy、dz，分别平行于 x、y、z 坐标轴（见图 2-1）。控制体是流场中划定的空间，形状、位置固定不变，流体可不受影响地通过。

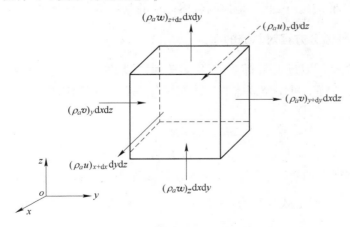

图 2-1　控制体内流体的流入与流出

在 dt 时间内 x 方向流出与流入控制体的质量差，即 x 方向净流出质量为：

$$\Delta M_x = \left[\rho u_x + \frac{\partial(\rho u_x)}{\partial x}dx \right] dydzdt - \rho u_x dydzdt = \frac{\partial(\rho u_x)}{\partial x}dxdydzdt$$

同理，y、z 方向的净流出质量分别为 $\Delta M_y = \dfrac{\partial(\rho u_x)}{\partial y}dxdydzdt$ 和 $\Delta M_z = \dfrac{\partial(\rho u_z)}{\partial z}dxdydzdt$。

在 dt 时间内控制体的总净流出质量为：

$$\Delta M_x + \Delta M_y + \Delta M_z = \left[\frac{\partial(\rho u_x)}{\partial x} + \frac{\partial(\rho u_y)}{\partial y} + \frac{\partial(\rho u_z)}{\partial z} \right] dxdydzdt$$

流体是连续介质，质点间无空隙，根据质量守恒原理，在 dt 时间内控制体的总净流出质量必等于控制体内由于密度变化而减少的质量，即：

$$\left[\frac{\partial(\rho u_x)}{\partial x} + \frac{\partial(\rho u_y)}{\partial y} + \frac{\partial(\rho u_z)}{\partial z} \right] dxdydzdt = -\frac{\partial \rho}{\partial t}dxdydz$$

化简得：

$$\frac{\partial \rho}{\partial t} + \frac{\partial(\rho u_x)}{\partial x} + \frac{\partial(\rho u_y)}{\partial y} + \frac{\partial(\rho u_z)}{\partial z} = 0$$

对于均质的不可压缩流体，密度 ρ 为常数，上式可化简为：

$$\frac{\partial u_x}{\partial x} + \frac{\partial u_y}{\partial y} + \frac{\partial u_z}{\partial z} = 0$$

连续性微分方程是 1755 年由欧拉首先建立的，是质量守恒原理的流体力学表达式（微分形式）。因此，是控制流体运动的基本微分方程式。

2.1.2 连续性微分方程对总流的积分

设恒定总流，以过水断面 1、2 及侧壁面围成的固定空间为控制体，体积为 V（见图 2-2）。将不可压缩液体的连续性微分方程式对控制体空间积分，根据高斯定理可得：

$$\iiint_V \left(\frac{\partial u_x}{\partial x} + \frac{\partial u_y}{\partial y} + \frac{\partial u_z}{\partial z} \right) dV = \iint_A u_n dA = 0$$

式中，A 为体积 V 的封闭表面；u_n 为 $\boldsymbol{u}$ 在微元面积 dA 外法线方向的投影。因侧表面上 $u_n = 0$，于是上式化简为：$-\displaystyle\int_{A_1} u_1 dA + \int_{A_2} u_2 dA = 0$，第一项 u_1 的方向与 dA_1 外法线方向相反，取负号。由此得到 $\displaystyle\int_{A_1} u_1 dA = \int_{A_2} u_2 dA$，即 $Q_1 = Q_2$，或 $v_1 A_1 = v_2 A_2$。其中 v_1、v_2 为总流的断面 1-1 和 2-2 的平均流速。

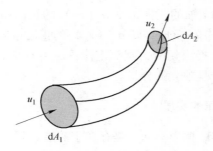

图 2-2　总流连续性方程

2.2　黏性流体中的基本定律

由于流体中任意一点的应力状态可由通过这一点的三个相互正交的作用面上的应力矢量唯一地确定。而每一应力矢量都可用三个分量表示，故共有九个应力分量，如图 2-3 所示。

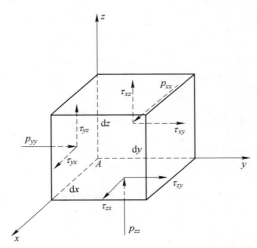

图 2-3　流体质点的受力状态图

受力情况可以用一矩阵表示：

$$\boldsymbol{P}_{ij} = \begin{bmatrix} \sigma_{xx} & \tau_{xy} & \tau_{xz} \\ \tau_{yx} & \sigma_{yy} & \tau_{yz} \\ \tau_{zx} & \tau_{zy} & \sigma_{zz} \end{bmatrix}$$

$\boldsymbol{P}_{ij}$ 又称为应力张量（二阶张量）。第一个下标 i 表示应力所在平面的法线与 i 轴平行，第二个下标 j 表示应力的方向与 j 轴平行。正负号的规定如下，如果应力作用面的外法向指向 i 轴的正向，则 $\sigma_{ij}(\tau_{ij})$ 的正向指向 j 轴正向；如果应力作用面的外法向指向 i 轴的负向，则 $\sigma_{ij}(\tau_{ij})$ 的正向指向 j 轴负向。

根据力矩平衡可以推出切应力互等定律：$\tau_{xy}=\tau_{yx}$，$\tau_{xz}=\tau_{zx}$，$\tau_{yz}=\tau_{zy}$。即 $\boldsymbol{P}_{ij}$ 的九个分量中只有六个是独立的分量。

2.2.1　牛顿内摩擦定律的实质

液体摩擦力与固体摩擦力不同，是存在于液层之间的作用力，而与液固接触面压力无直接关系，所以称为内摩擦定律。

如图 2-4 所示，在平行流体中取相距为 dy 的两液层间的任意矩形微团 $ABCD$，AB 速度为 u，CD 速度为 $u+du$。该液体微团运动到 $A'B'C'D'$，因液层间存在流速度差 du，微团除平移运动外，还有剪切变形。剪切角变形 $d\theta$，角变形速率为 $\dfrac{d\theta}{dt}$（$d\theta$、dt 为微量）。因为 $ED'=DD'-AA'=(u+du)dt-udt=dudt$，所以 $\dfrac{ED'}{dt}\cdot\dfrac{1}{AD}=\dfrac{ED'}{AE}\cdot\dfrac{1}{dt}=\dfrac{\tan(d\theta)}{dt}\approx\dfrac{d\theta}{dt}$。所以流速梯度实质上就是液体运动时的剪切变形角速度。

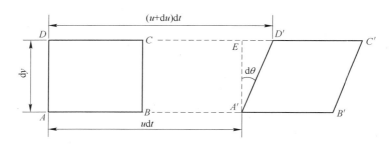

图 2-4　角变形速度和速度梯度

2.2.2　广义牛顿内摩擦定律

1845 年斯托克斯研究了如何表达流体中黏性应力的问题。根据黏性流体中的应力和牛顿内摩擦定律的实质，可以把 $\tau=\mu\dfrac{du}{dy}$ 表示为 $\tau_{yx}=\tau_{xy}=\mu\dfrac{\partial u}{\partial y}$。

为了建立流体动力学方程，斯托克斯作了三大假设：（1）黏性应力与变形率之间成线性的正比关系；（2）流体是各向同性的，即应力与变形率之间的关系与方向无关；（3）当流体静止时，变形率为零，此时应力-变形率关系给出的正应力就是流体的静压强。由假设得：

$$\begin{cases} \sigma_{xx} = a\varepsilon_x + b \\ \sigma_{yy} = a\varepsilon_y + b \\ \sigma_{zz} = a\varepsilon_z + b \\ \tau_{xy} = \tau_{yx} = a\gamma_z \\ \tau_{yz} = \tau_{zy} = a\gamma_x \\ \tau_{xz} = \tau_{zx} = a\gamma_y \end{cases}$$

所以有 $\tau_{xy} = \tau_{yx} = a\gamma_z = \dfrac{a}{2}\left(\dfrac{\partial v}{\partial x} + \dfrac{\partial u}{\partial y}\right)$，与牛顿平板实验结果 $\tau_{yx} = \tau_{xy} = \mu\dfrac{\partial u}{\partial y}$ 比较

得到 $a = 2\mu$，故：

$$\begin{cases} \sigma_{xx} = 2\mu\dfrac{\partial u}{\partial x} + b \\ \sigma_{yy} = 2\mu\dfrac{\partial v}{\partial y} + b \\ \sigma_{zz} = 2\mu\dfrac{\partial w}{\partial z} + b \end{cases}$$

所以 $\sigma_{xx} + \sigma_{yy} + \sigma_{zz} = 2\mu\left(\dfrac{\partial u}{\partial x} + \dfrac{\partial v}{\partial y} + \dfrac{\partial w}{\partial z}\right) + 3b$

考虑到假设（3），当流体静止时，$\sigma_{xx} = \sigma_{yy} = \sigma_{zz} = -p$；而在黏性流体流动中一般为 $\sigma_{xx} \neq \sigma_{yy} \neq \sigma_{zz}$，所以在运动的黏性流体中 $\sigma_{xx} + \sigma_{yy} + \sigma_{zz} = -3p$，$b = -p - \dfrac{2}{3}\mu\left(\dfrac{\partial u}{\partial x} + \dfrac{\partial v}{\partial y} + \dfrac{\partial w}{\partial z}\right)$。把 a、b 代入，可得：

$$\begin{cases} \sigma_{xx} = -p + 2\mu\dfrac{\partial u}{\partial x} - \dfrac{2}{3}\mu\left(\dfrac{\partial u}{\partial x} + \dfrac{\partial v}{\partial y} + \dfrac{\partial w}{\partial z}\right) \\ \sigma_{yy} = -p + 2\mu\dfrac{\partial v}{\partial y} - \dfrac{2}{3}\mu\left(\dfrac{\partial u}{\partial x} + \dfrac{\partial v}{\partial y} + \dfrac{\partial w}{\partial z}\right) \\ \sigma_{zz} = -p + 2\mu\dfrac{\partial w}{\partial z} - \dfrac{2}{3}\mu\left(\dfrac{\partial u}{\partial x} + \dfrac{\partial v}{\partial y} + \dfrac{\partial w}{\partial z}\right) \\ \tau_{xy} = \tau_{yx} = \mu\left(\dfrac{\partial v}{\partial x} + \dfrac{\partial u}{\partial y}\right) \\ \tau_{yz} = \tau_{zy} = \mu\left(\dfrac{\partial w}{\partial y} + \dfrac{\partial v}{\partial z}\right) \\ \tau_{xz} = \tau_{zx} = \mu\left(\dfrac{\partial w}{\partial x} + \dfrac{\partial u}{\partial z}\right) \end{cases}$$

上式称为广义牛顿内摩擦定律，也称为流体的本构方程。若流体不可压缩，正应力的关系式简化为：

$$\begin{cases} \sigma_{xx} = -p + 2\mu\,\dfrac{\partial u}{\partial x} \\[3mm] \sigma_{yy} = -p + 2\mu\,\dfrac{\partial v}{\partial y} \\[3mm] \sigma_{zz} = -p + 2\mu\,\dfrac{\partial w}{\partial z} \end{cases}$$

2.3　不可压缩黏性流体运动的基本方程

从不可压缩黏性流体中取出边长分别为 dx、dy 和 dz 的微元平行六面体。设微元体中心点的密度为 ρ，现分析其在 xoy 平面上的投影，如图 2-5 所示。

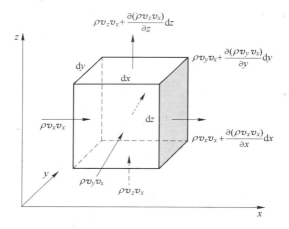

图 2-5　微元平行六面体的受力图

作用在微元平行六面体上 x 方向的表面力的合力为：

$$\left(\sigma_{xx} + \frac{\partial \sigma_{xx}}{\partial x}\frac{\mathrm{d}x}{2} \right)\mathrm{d}y\mathrm{d}z - \left(\sigma_{xx} - \frac{\partial \sigma_{xx}}{\partial x}\frac{\mathrm{d}x}{2} \right)\mathrm{d}y\mathrm{d}z + \left(\tau_{yx} + \frac{\partial \tau_{yx}}{\partial y}\frac{\mathrm{d}y}{2} \right)\mathrm{d}x\mathrm{d}z -$$

$$\left(\tau_{yx} - \frac{\partial \tau_{yx}}{\partial y}\frac{\mathrm{d}y}{2} \right)\mathrm{d}x\mathrm{d}z + \left(\tau_{zx} + \frac{\partial \tau_{zx}}{\partial z}\frac{\mathrm{d}z}{2} \right)\mathrm{d}x\mathrm{d}y - \left(\tau_{zx} - \frac{\partial \tau_{zx}}{\partial z}\frac{\mathrm{d}z}{2} \right)\mathrm{d}x\mathrm{d}y =$$

$$\left(\frac{\partial \sigma_{xx}}{\partial x} + \frac{\partial \tau_{yx}}{\partial y} + \frac{\partial \tau_{zx}}{\partial z} \right)\mathrm{d}x\mathrm{d}y\mathrm{d}z$$

根据牛顿第二定律，在 x 方向 $ma_x = f_x$，得：

$$\rho \mathrm{d}x\mathrm{d}y\mathrm{d}z\,\frac{\mathrm{d}u}{\mathrm{d}t} = f_x \rho \mathrm{d}x\mathrm{d}y\mathrm{d}z + \left(\frac{\partial \sigma_{xx}}{\partial x} + \frac{\partial \tau_{yx}}{\partial y} + \frac{\partial \tau_{zx}}{\partial z} \right)\mathrm{d}x\mathrm{d}y\mathrm{d}z$$

即

$$\frac{\mathrm{d}u}{\mathrm{d}t} = f_x + \frac{1}{\rho}\left(\frac{\partial \sigma_{xx}}{\partial x} + \frac{\partial \tau_{yx}}{\partial y} + \frac{\partial \tau_{zx}}{\partial z} \right)$$

或
$$\frac{\partial u}{\partial t} + u\frac{\partial u}{\partial x} + v\frac{\partial u}{\partial y} + w\frac{\partial u}{\partial z} = f_x + \frac{1}{\rho}\left(\frac{\partial \sigma_{xx}}{\partial x} + \frac{\partial \tau_{yx}}{\partial y} + \frac{\partial \tau_{zx}}{\partial z}\right)$$

将 $\sigma_{xx} = -p + 2\mu\dfrac{\partial u}{\partial x}$, $\tau_{yx} = \mu\left(\dfrac{\partial v}{\partial x} + \dfrac{\partial u}{\partial y}\right)$, $\tau_{zx} = \mu\left(\dfrac{\partial w}{\partial x} + \dfrac{\partial u}{\partial z}\right)$ 代入上式可得:

$$\frac{\partial u}{\partial t} + u\frac{\partial u}{\partial x} + v\frac{\partial u}{\partial y} + w\frac{\partial u}{\partial z} = f_x - \frac{1}{\rho}\frac{\partial p}{\partial x} + \nu\left(\frac{\partial^2 u}{\partial x^2} + \frac{\partial^2 u}{\partial y^2} + \frac{\partial^2 u}{\partial z^2}\right)$$

同理可得:

$$\frac{\partial v}{\partial t} + u\frac{\partial v}{\partial x} + v\frac{\partial v}{\partial y} + w\frac{\partial v}{\partial z} = f_y - \frac{1}{\rho}\frac{\partial p}{\partial y} + \nu\left(\frac{\partial^2 v}{\partial x^2} + \frac{\partial^2 v}{\partial y^2} + \frac{\partial^2 v}{\partial z^2}\right)$$

$$\frac{\partial w}{\partial t} + u\frac{\partial w}{\partial x} + v\frac{\partial w}{\partial y} + w\frac{\partial w}{\partial z} = f_z - \frac{1}{\rho}\frac{\partial p}{\partial z} + \nu\left(\frac{\partial^2 w}{\partial x^2} + \frac{\partial^2 w}{\partial y^2} + \frac{\partial^2 w}{\partial z^2}\right)$$

这就是不可压缩黏性流体的运动微分方程, 又称为纳维-斯托克斯方程, 简称为 N-S 方程。当 $\nu = 0$, 即为理想流体时, N-S 方程转化为欧拉运动微分方程。

2.4 理性流体元流的伯努利方程

伯努利方程是由瑞士科学家伯努利在 1738 年首先导出的。伯努利方程以动能和势能相互转换的方式, 确定了流体运动中速度和压强的关系, 如图 2-6 所示。该方程建立的限定条件为:

(1) 作用在流体上的质量力仅为重力, 且 z 轴向上;

(2) 流体为不可压缩流体, 即 $\rho = C$;

(3) 仅对于恒定流动而言 (即流动参数与时间 t 无关);

(4) 流体为理想流体;

(5) 沿流线所取的两个计算断面为均匀流断面或渐变流断面 (两断面间可以是急变流)。

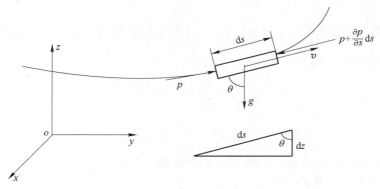

图 2-6 元流的动力学分析

由条件（3）可得：$u_x \mathrm{d}t = \mathrm{d}x$，$u_y \mathrm{d}t = \mathrm{d}y$ 和 $u_z \mathrm{d}t = \mathrm{d}z$。

由条件（4）可得：$\dfrac{\mathrm{d}u_x}{\mathrm{d}t} = X - \dfrac{1}{\rho}\dfrac{\partial p}{\partial x}$，$\dfrac{\mathrm{d}u_y}{\mathrm{d}t} = Y - \dfrac{1}{\rho}\dfrac{\partial p}{\partial y}$ 和 $\dfrac{\mathrm{d}u_z}{\mathrm{d}t} = Z - \dfrac{1}{\rho}\dfrac{\partial p}{\partial z}$

将上面两式对应相乘得：

$$\frac{\mathrm{d}u_x}{\mathrm{d}t}u_x\mathrm{d}t + \frac{\mathrm{d}u_y}{\mathrm{d}t}u_y\mathrm{d}t + \frac{\mathrm{d}u_z}{\mathrm{d}t}u_z\mathrm{d}t = X\mathrm{d}x + Y\mathrm{d}y + Z\mathrm{d}z - \frac{1}{\rho}\left(\frac{\partial p}{\partial x}\mathrm{d}x + \frac{\partial p}{\partial y}\mathrm{d}y + \frac{\partial p}{\partial z}\mathrm{d}z\right)$$

整理化简得：

$$\frac{\mathrm{d}u_x}{\mathrm{d}t}u_x\mathrm{d}t + \frac{\mathrm{d}u_y}{\mathrm{d}t}u_y\mathrm{d}t + \frac{\mathrm{d}u_z}{\mathrm{d}t}u_z\mathrm{d}t = u_x\mathrm{d}u_x + u_y\mathrm{d}u_y + u_z\mathrm{d}u_z = \mathrm{d}\left(\frac{u_x^2}{2}\right) + \mathrm{d}\left(\frac{u_y^2}{2}\right) + \mathrm{d}\left(\frac{u_z^2}{2}\right) =$$

$$\mathrm{d}\left(\frac{u_x^2 + u_y^2 + u_z^2}{2}\right) = \mathrm{d}\left(\frac{u^2}{2}\right)$$

因为 $X = \dfrac{\partial W}{\partial x}$，$Y = \dfrac{\partial W}{\partial y}$，$Z = \dfrac{\partial W}{\partial z}$，$W$ 为势函数，则：

$$X\mathrm{d}x + Y\mathrm{d}y + Z\mathrm{d}z = \frac{\partial W}{\partial x}\mathrm{d}x + \frac{\partial W}{\partial y}\mathrm{d}y + \frac{\partial W}{\partial z}\mathrm{d}z = \mathrm{d}W$$

$$\frac{1}{\rho}\left(\frac{\partial p}{\partial x}\mathrm{d}x + \frac{\partial p}{\partial y}\mathrm{d}y + \frac{\partial p}{\partial z}\mathrm{d}z\right) = \frac{1}{\rho}\mathrm{d}p$$

因为流体是不可压缩的，所以 $\rho = C$，所以 $\dfrac{1}{\rho}\mathrm{d}p = \mathrm{d}\left(\dfrac{p}{\rho}\right)$，综上得 $\mathrm{d}\left(\dfrac{u^2}{2}\right) = \mathrm{d}W - \mathrm{d}\left(\dfrac{p}{\rho}\right)$，对其积分可得：

$$W - \frac{p}{\rho} - \frac{u^2}{2} = C_l$$

从推导过程看，积分是在流线上进行的，所以不同的流线可以有各自的积分常数，将它记作 C_l，称为流线常数。以重力场为例：因为 $W = -gz$，所以 $gz + \dfrac{p}{\rho} + \dfrac{u^2}{2} = C_l$；将两边同时除以 g，则 $z + \dfrac{p}{\gamma} + \dfrac{u^2}{2g} = C_l$。假如对同一流线上任意两点 1 和 2 利用伯努利积分，即有：

$$z_1 + \frac{p_1}{\gamma} + \frac{u_1^2}{2g} = z_2 + \frac{p_2}{\gamma} + \frac{u_2^2}{2g}$$

思 考 题

1. 试述理想流体微元流束的伯努利方程中各项的物理意义是什么，推导该方程的条件是什么？
2. 动量方程的应用条件是什么？

3 动量传输规律的应用 1——有压圆管流

本章是动量传输规律的应用，不是本书的重点和难点，读者在学习过程中宜侧重将现实物理问题如何简化为物理模型并翻译为数学语言。有压圆管流是最常见的应用，其他各个行业基本或多或少会涉及流体阻力损失的计算。沿程水头损失系数的变化规律和局部水头损失的计算更多是依据实验结果，限于篇幅，本书不再赘述。

3.1 水头损失及其分类

流动阻力和水头损失的规律，因流体的流动状态和流动的边界条件而异，故应对流动阻力的水头损失进行分类研究。

流体在流动的过程中，在流动的方向、壁面的粗糙程度、过流断面的形状和尺寸均不变的均匀流段上产生的流动阻力，称为沿程阻力或摩擦阻力。沿程阻力造成流体流动过程中能量的损失或水头损失，一般用单位重量流体的损失表示。沿程阻力均匀地分布在整个均匀流段上，与管段的长度成正比，一般用 h_f 表示。

另一类阻力是发生在流动边界有急变的流场中，能量的损失主要集中在该流场及其附近流场，这种集中发生的能量损失或阻力称为局部阻力或局部损失，由局部阻力造成的水头损失称为局部水头损失。通常在管道的进出口、变截面管道、管道的连接处等部位，都会发生局部水头损失，一般用 h_j 表示。

如图 3-1 所示的管道流动，其中，ab、bc 和 cd 各段只有沿程阻力，$h_{f_{ab}}$、$h_{f_{bc}}$、$h_{f_{cd}}$ 是各段的沿程水头损失，管道入口、管截面突变及阀门处产生的局部水头

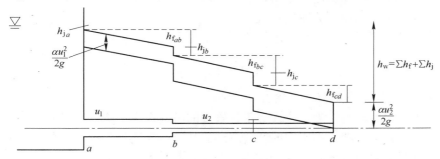

图 3-1　各种阻力损失示意图

损失，h_{j_a}、h_{j_b} 和 h_{j_c} 是各处的局部水头损失。整个管道的水头损失 h_w 等于各段的沿程损失和各处的局部损失的总和，即 $h_w = \sum h_f + \sum h_j = h_{f_{ab}} + h_{f_{bc}} + h_{f_{cd}} + h_{j_a} + h_{j_b} + h_{j_c}$。

3.1.1　水头损失的计算公式

1857 年达西根据前人的观测资料和实践经验归纳总结出来一个通用公式。对于沿程阻力损失，假设 $h_f = \lambda \dfrac{l}{4R} \cdot \dfrac{v^2}{2g}$，对于圆管，便有：

$$h_f = \lambda \ \frac{l}{d} \cdot \frac{v^2}{2g}$$

式中，λ 为沿程阻力系数，也称达西系数，一般由实验确定；l 为管长；R 为水力半径；d 为管径；v 为断面平均流速；g 为重力加速度。

这个公式对于计算各种流态下的管道沿程损失都适用。式中的无量纲系数 λ 不是一个常数，它与流体的性质、管道的粗糙程度以及流速和流态有关，公式的特点是把求阻力损失问题转化为求无量纲阻力系数问题，比较方便实用。同时，公式中把沿程损失表达为流速水头的倍数形式是恰当的。因为在大多数工程问题中，h_f 确实与 v^2 成正比。此外，这样做可以把阻力损失和流速水头合并在一起，便于计算。经过一个多世纪以来的理论研究和实践检验都证明，达西公式在结构上是合理的，在使用上是方便的。

3.1.2　局部水头损失

局部水头损失以 h_j 表示，它是流体在某些局部地方，由于管径的改变（突扩、突缩、渐扩、渐缩等），以及方向的改变（弯管），或者由于装置了某些配件（阀门、量水表等）而产生的额外的能量损失。局部阻力损失的原因在于，经过上述局部位置之后，断面流速分布将发生急剧变化，并且流体要生成大量的旋涡。由于实际流体黏性的作用，这些旋涡中的部分能量会不断地转变为热能而逸散在流体中，从而使流体的总机械能减少。

在管道入口、管径收缩和阀门等处，都存在局部阻力损失，即：

$$h_j = \zeta \frac{v^2}{2g}$$

式中，ζ 为局部阻力系数，一般由实验确定。

整个管道的阻力损失，应该等于各管段的沿程损失和所有局部损失的总和。

上述公式是长期工程实践的经验总结，其核心问题是各种流动条件下沿程阻力系数和局部阻力系数的计算。这两个系数并不是常数，不同的水流、不同的边界及其变化对其都有影响。

3.2　黏性流体流动流态

早在19世纪30年代，就已经发现了沿程水头损失和流速有一定关系。在流速很小时，水头损失和流速的一次方成比例；在流速较大时，水头损失几乎和流速的平方成比例。直到1880~1883年，英国物理学家雷诺经过实验研究发现，水头损失规律之所以不同，是因为黏性流体存在着两种不同的流态。

3.2.1　黏性流体流动流态的概念

人们在长期的工作实践中，发现管道的沿程阻力与管道的流动速度之间的对应关系有其特殊性。当流速较小时，沿程损失与流速一次方成正比，当流速较大时，沿程损失几乎与流速的平方成正比，如图3-2所示，并且在这两个区域之间有一个不稳定区域。这一现象，促使英国物理学家雷诺于1883年在类似于图3-3所示的装置上进行了实验。

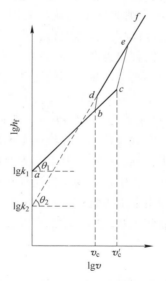

图3-2　两类临界雷诺数

试验过程中，水箱A内水位保持不变，使流动处于定流状态；阀门B用于调节流量，以改变平直玻璃管中的流速；容器C内盛有容重与水相近的颜色水，经细管E流入平直玻璃管F中；阀门D用于控制颜色水的流量。当阀门B慢慢打开，并打开颜色水阀门D，此时管中的水流流速较小，可以看到玻璃管中一条线状的颜色水。它与水流不相混合，如图3-3（a）所示。从这一现象可以看出，在管中流速较小时，管中水流沿管轴方向呈层状流动，各层质点互不掺混，这种

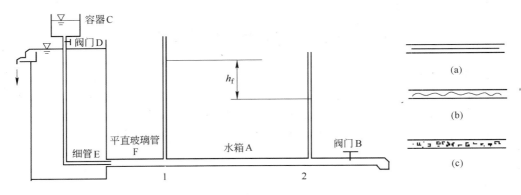

图 3-3   雷诺实验示意图

流动状态称为层流。

当阀门 B 逐渐开大，管中的水流流速也相应增大。此时会发现，在流速增加到某一数值时，颜色水原有的直线的运动轨迹开始波动，线条逐渐变粗，如图 3-3（b）所示。继续增加流速，则颜色水迅速与周围的清水混合。这表明液体质点的运动轨迹不规则，各层液体相互剧烈混合，产生随机的脉动，这种流动称为紊流。水流流速从小变大，沿程阻力曲线的走势为 $a \rightarrow b \rightarrow c \rightarrow e$，如图 3-2 所示。

若实验时流速由大变小。则上述观察到的流动现象以相反的程序重演，但有紊流转变为层流的流速 v_c（下临界流速）要小于由层流转变为紊流的流速 v_c'（上临界流速），沿程阻力曲线的走势为 $e \rightarrow d \rightarrow b \rightarrow a$，如图 3-2 所示。

实验进一步表明，同一实验装置的临界流速是不固定的，由于流动的起始条件和实验条件不同，外界干扰程度不同，其上临界流速差异很大，但是，其下临界流速却基本不变。在实际工程中，扰动是普遍存在的，上临界流速没有实际意义，一般所说的临界流速即指下临界流速。上述实验现象不仅在圆管中存在，对于任何形状的边界、任何液体以及气体流动都存在类似的情况。

3.2.2　流态的判别准则

3.2.1 节所述实验观察到两种不同的流态，以及流态与管道流速之间的关系。由雷诺等人做过的实验表明，流态不仅与断面平均流速 v 有关系，而且与管径 d、液体黏性 μ 及密度 ρ 有关，即流态既反映管道中流体的特性，同时又反映管道的特性。将上述四个参数合成一个无量纲数，称为雷诺数，用 Re 表示：

$$Re = \frac{\rho dv}{\mu} = \frac{vd}{\nu}$$

对应于临界流速的雷诺数，称为临界雷诺数，通常用 Re_c 表示。大量实验表明，在不同的管道、不同的液体以及不同的外界条件下临界雷诺数不同。通常情况下，临界雷诺数总在 2300 附近，即 $Re_c = 2300$。当管道雷诺数小于临界雷诺数时，管中流动处于层流状态；反之，则为紊流状态。

3.3　圆管中的层流运动

层流常见于很细的管道流动，或者低速、高黏性流体的管道流动，如阻尼管、润滑油管、原油输油管道内的流动。研究层流不仅有工程实用意义，而且通过比较，可加深对紊流的认识。

3.3.1　圆管中层流运动的流动特征

如前所述，层流各流层质点互不掺混，对于圆管来说，各层质点沿平行管轴线方向运动。与管壁接触的一层速度为零，管轴线上速度最大，整个管流如同无数薄壁圆筒一个套着一个滑动（见图 3-4）。

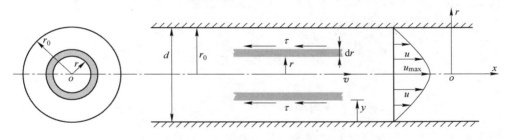

图 3-4　圆管中层流运动的流动特征

各流层间切应力服从牛顿内摩擦定律，即满足式 $\tau = \mu \dfrac{\mathrm{d}u}{\mathrm{d}y}$。因为 $y = r_0 - r$，所以 $\tau = -\mu \dfrac{\mathrm{d}u}{\mathrm{d}r}$。

3.3.2　圆管层流的断面流动分布

因为要讨论圆管层流运动，所以可用牛顿内摩擦定律 $\tau = \mu \dfrac{\mathrm{d}u}{\mathrm{d}y} = -\mu \dfrac{\mathrm{d}u}{\mathrm{d}r}$ 来表达液层间的切应力；对于均匀管流而言，在半径等于 r 处的切应力应为 $\tau = \gamma \dfrac{r}{2} J$，所以有 $\mathrm{d}u = -\dfrac{\gamma J}{2\mu} r \mathrm{d}r$，积分得 $u = -\dfrac{\gamma J}{4\mu} r^2 + C$。当 $r = r_0$ 时，$u = 0$，可得：$C = \dfrac{\gamma J}{4\mu} r_0^2$ 和 $u = \dfrac{\gamma J}{4\mu}(r_0^2 - r^2)$。该式表明，圆管中均匀层流的流速分布是一个旋转抛物面，即过流

断面上流速呈抛物面分布，这是圆管层流的重要特征之一。

将 $r=0$ 代入上式，得到管轴处最大流速为：

$$u_{\max} = \frac{\gamma J}{4\mu} r_0^2$$

平均流速为

$$v = \frac{Q}{A} = \frac{\int_A u \mathrm{d}A}{A} = \frac{\int_0^r 2\pi r \mathrm{d}r}{\pi r_0^2} = \frac{1}{\pi r_0^2} \int_0^r \frac{\gamma J (r_0^2 - r^2)}{4\mu} 2\pi r \mathrm{d}r = \frac{\gamma J}{8\mu} r_0^2$$

比较这两式可知，$v = u_{\max}/2$，即圆管层流的平均流速为最大流速的一半。

因为直径 $d=2r_0$，可得 $v = \frac{\gamma J}{8\mu} \cdot \left(\frac{d}{2}\right)^2 = \frac{\gamma J}{32\mu} d^2$，以 $J = h_f/l$ 代入上式，可得沿

程阻力损失为：$h_f = \frac{32\mu l}{\gamma d^2} v$。这就从理论上证明了圆管的均匀层流中，沿程阻力损

失 h_f 与平均流速 v 的一次方成正比，这与雷诺实验的结果相符。上式还可以进一

步改写成达西公式的形式，即：

$$h_f = \frac{32\mu d}{\gamma d^2} v = \frac{64}{\dfrac{\rho v d}{\mu}} \cdot \frac{l}{d} \cdot \frac{v^2}{2g} = \frac{64}{Re} \cdot \frac{l}{d} \cdot \frac{v^2}{2g} = \frac{\lambda}{2d} \frac{l}{g} \frac{v^2}{g}$$

由上式可得 $\lambda = \frac{64}{Re}$，该式为达西和魏斯巴哈提出的著名公式，表明圆管层流中的

沿程阻力系数 λ 只是雷诺数的函数，而与管壁粗糙情况无关。

3.4 紊流运动分析

实际流体流动中，绝大多数是紊流（也称为湍流），因此，研究紊流流动比研究层流流动更有实用意义和理论意义。前面已经提到过，紊流与层流的显著差别在于，层流中流体质点层次分明地向前运动，其轨迹是一些平滑的变化很慢的曲线，互不混掺，各个流层间没有质量、能量、动量、冲量、热量等的交换；而紊流中流体质点的轨迹杂乱无章，互相交错，而且迅速地变化，流体微团（旋涡涡体）在顺流方向运动的同时，还作横向和局部逆向运动，与它周围的流体发生混掺。

3.4.1 紊流的特征与时均化

前述表明，虽然紊流至今没有严格的定义，但紊流的特征还是比较明显的，有以下几方面：

（1）不规则性。紊流流动是由大小不等的涡体所组成的无规则的随机运动，

它的最本质的特征是"紊动"，即随机的脉动，它的速度场和压力场都是随机的。由于紊流运动的不规则性，使得我们不可能将运动作为时间和空间坐标的函数进行描述，但仍可能用统计的方法得出各种量，如速度、压力、温度等的平均值。

（2）紊流扩散性。紊流扩散性是所有紊流运动的另一个重要特征。紊流混掺扩散增加了动量、热量和质量的传递率，例如紊流中沿过流断面上的流速分布就比层流情况下要均匀得多。

（3）能量耗损。紊流中小涡体的运动，通过黏性作用大量耗损能量，实验表明紊流中的能量损失要比同条件下层流中的能量损失大得多。

（4）高雷诺数。这一点是显而易见的，因为下临界雷诺数Re_c就是流体两种流态判别的准则，雷诺数实际上反映了惯性力与黏性力之比，雷诺数越大，表明惯性力越大，而黏性限制作用则越小，所以紊流的紊动特征就会越明显，也就是说紊动强度与高雷诺数有关。

（5）运动参数的时均化。若取水流中（管流或明渠流等）某一固定空间点来观察，在恒定紊流中，x方向的瞬时流速u_x随时间的变化可以通过脉动流速仪测定记录下来，如图3-5所示。

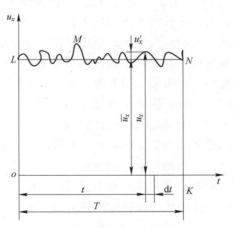

图3-5　运动参数的时均化

实验研究表明，虽然瞬时流速具有随机性，显示一个随机过程，从表面上看来没有确定的规律性，但是当时间过程T足够长时，速度的时间平均值则是一个常数，即有：

$$\overline{u_x} = \frac{1}{T}\int_0^T u_x \mathrm{d}t$$

式中，$\overline{u_x}$为时间T内沿x方向的平均流速，简称时均速度，是一个常数；T为时间足够长的时段；u_x 为 x 方向的瞬时流速；t 为时间。

在图 3-5 中，LN 线代表 x 方向的时间平均流速分布线。从图 3-5 中还可以看出，瞬时流速 u_x 可以视为由时均流速 $\overline{u_x}$ 与脉动流速 u'_x 两部分构成，即：

$$u_x = \overline{u_x} + u'_x$$

式中，u'_x 是以 LN 线为基准的，在该线上方时 u'_x 为正，在该线下方时 u'_x 为负，其值随时间而变，故称为脉动流速。显然，在足够长的时间内，u'_x 的时间平均值 $\overline{u'_x}$ 为零。由前面两式计算得：

$$u_x = \frac{1}{T} \int_0^T (\overline{u_x} + u'_x)\,\mathrm{d}t = \frac{1}{T} \int_0^T \overline{u_x}\,\mathrm{d}t + \frac{1}{T} \int_0^T u'_x\,\mathrm{d}t = \overline{u_x} + \overline{u'_x}$$

由此得

$$\overline{u'_x} = \frac{1}{T} \int_0^T u'_x\,\mathrm{d}t = 0$$

对于其他的流动要素，均可采用上述的方法，将瞬时值视为由瞬时值和脉动量所构成的，即 $u_y = \overline{u_y} + u'_y$，$u_z = \overline{u_z} + u'_z$ 和 $p = \overline{p} + p'$。显然，在一元流动（如管流）中，$\overline{u_y}$ 和 $\overline{u_z}$ 应该为零，u_y 和 u_z 应分别等于 u'_y、u'_z（注意 u'_y、u'_z 不等于零，这一点与层流情况不同），但另一方面，脉动量的时均值 $\overline{u_x}$、$\overline{u_y}$、$\overline{u_z}$ 和 $\overline{p}$ 则均为零。

从以上分析可以看出，尽管在紊流流场中任一定点的瞬时流速和瞬时压强是随机变化的，然而，在一段时间内的平均值仍然是有规律的，即对于恒定紊流来说，空间任一定点的时均流速和时均压强仍然是常数。紊流运动要素时均值存在的这种规律性，给紊流的研究带来了很大的方便。只要建立了时均的概念，则本书前面所建立的一些概念和分析流体运动规律的方法，在紊流中仍然适用，如流线、元流、恒定流等概念，对紊流来说仍然存在，只是都具有时均的意义。另外，根据恒定流导出的流体动力学基本方程，同样也适合紊流中时均恒定流。

这里需要指出的是，上述研究紊流的方法，只是将紊流运动分为时均流动和脉动来分别加以研究，而不是意味着脉动部分可以忽略。实际上，紊流中的脉动对时均运动有很大影响，主要反映在流体能量方面。此外，脉动对工程还有特殊的影响，如脉动流速对挟沙水流的作用，脉动压力对建筑物荷载、振动及空化空蚀的影响等，这些都需要专门研究。

3.4.2 黏性底层

在紊流运动中，并不是整个流场都是紊流。由于流体具有黏滞性，紧贴管壁或槽壁的流体质点将贴附在固体边界上，无相对滑移，流速为零，继而它们又影响到邻近的流体速度也随之变小，从而在紧靠近面体边界的流层里有显著的流速梯度，黏滞切应力很大，但紊动则趋于零。各层质点不产生混掺，也就是说，在紧靠近面体边界表面处有厚度极薄的层流层存在，称为黏性底层或层流底层。在层流底层之外，还有一层很薄的过渡层。在此之外才是紊层，称为紊流核心区。

　　黏性底层虽然很薄，但它对紊流的流速分布和流速阻力却有重大的影响。这一问题将在紊流的沿程损失计算中详述。

3.4.3　混合长度理论

　　紊流的混合长度理论（又称为动量传递理论或掺长假设）是普朗特在 1925 年提出来的，这是一种半经验理论。其推导过程简单，所得流速分布规律与实验检验结果符合性良好，是工程中应用最广的半经验公式。

　　在层流运动中，由流层间的相对运动所引起的黏滞切应力可由牛顿内摩擦定律计算。但紊流运动与层流运动不同，除流层间有相对运动外，还有竖向和横向的质点混掺。因此，应用时均概念计算紊流切应力时，应将紊流的时均切应力 $\bar{\tau}$ 看作是由两部分所组成的，一部分为相邻两流层间时间平均流速相对运动所产生的黏滞切应力 $\bar{\tau_1}$；另一部分为由脉动流速所引起的时均附加切应力 $\bar{\tau_2}$（又称为紊动切应力），即：$\bar{\tau}=\bar{\tau_1}+\bar{\tau_2}$。紊流的时均黏滞切应力与层流时计算方法相同，其公式为 $\bar{\tau_1}=\mu\dfrac{\mathrm{d}u}{\mathrm{d}y}$。紊流的附加切应力（即紊动切应力）$\bar{\tau_2}$ 的计算公式可由普朗特的动量传递理论进行推导，其结果为 $\bar{\tau_2}=-\rho\,\overline{u'_x u'_y}$，该式的右边有负号是因为由连续条件得知，$u'_x$ 和 u'_y 总是方向相反，为使 $\bar{\tau_2}$ 以正值出现，所以要加上负号。上式还表明，紊动切应力 $\bar{\tau_2}$ 与黏滞切应力 $\bar{\tau_1}$ 不同，它只是与流体的密度和脉动流速有关，而与流体的黏滞性无关，所以，$\bar{\tau_2}$ 又称为雷诺应力或惯性切应力。

　　在接下来的推导中，需采用普朗特的假设，流体质点因横向脉动流速作用，在横向运动到距离为 l_1 的空间点上，才同周围质点发生动量交换，l_1 称为混合长度，如图 3-6 所示。如空间点 A 处质点 x 方向的时均流速为 $\bar{u}_x$（y），距 A 点 l_1 处

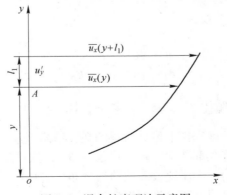

图 3-6　混合长度理论示意图

质点 x 方向的时均流速为 $\overline{u_x}(y+l_1)$，这两个空间点上质点的时均流速差为：

$$\Delta u = \overline{u_x}(y + l_1) - \overline{u_x}(y) = \overline{u_x}(y) + l_1 \frac{\mathrm{d}\,\overline{u_x}}{\mathrm{d}y} - \overline{u_x}(y) = l_1 \frac{\mathrm{d}\,\overline{u_x}}{\mathrm{d}y}$$

设脉动流速的绝对值与时间流速差成比例关系，则 $|\overline{u_x'}| = c_1 \dfrac{\mathrm{d}\,\overline{u_x}}{\mathrm{d}y} l_1$。又知 $|\overline{u_x'}|$ 与 $|\overline{u_y'}|$ 成比例，即 $|\overline{u_y'}| = c_2 c_1 \dfrac{\mathrm{d}\,\overline{u_x}}{\mathrm{d}y} l_1$。虽然 $|\overline{u_x'}| \cdot |\overline{u_y'}|$ 与 $|\overline{u_x'u_y'}|$ 不相等，但两者存在比例关系，则 $-\overline{u_x'u_y'} = c_2\,\overline{u_x'} \cdot \overline{u_y'} = c_1 c_2 l_1^2 \left(\dfrac{\mathrm{d}\,\overline{u_x}}{\mathrm{d}y}\right)^2$。可得：

$$\overline{\tau_2} = -\rho\,\overline{u_x'u_y'} = \rho l^2 \left(\frac{\mathrm{d}\,\overline{u_x}}{\mathrm{d}y}\right)^2$$

式中，c_1 与 c_2 均为比例常数。

令 $l_1^2 = c_1 c_2 l'^2$，则 $\tau_2 = \rho l' \left(\dfrac{\mathrm{d}u}{\mathrm{d}y}\right)^2$，该式就是由混合长度理论得到的附加切应力的表达式，式中 l' 称为混合长度，但已无直接物理意义。最后可得 $\overline{\tau} = \overline{\tau_1} - \overline{\tau_2} = \mu \dfrac{\mathrm{d}\,\overline{u_x}}{\mathrm{d}y} + \rho l^2 \left(\dfrac{\mathrm{d}\,\overline{u_x}}{\mathrm{d}y}\right)^2$，该式两部分应力的大小随流动的情况的不同而有所不同，当雷诺数较小时，$\overline{\tau_1}$ 占主导地位；随着雷诺数的增加，$\overline{\tau_2}$ 的作用逐渐加大；当雷诺数很大时，即充分发展的紊流时，$\overline{\tau_1}$ 可以忽略不计，则上式简化为 $\overline{\tau} = \rho l^2 \left(\dfrac{\mathrm{d}\,\overline{u_x}}{\mathrm{d}y}\right)^2$。

对于管流情况，假设管壁附近紊流切应力就等于壁面处的切应力，即 $\tau = \tau_0$（式中为了简便，省去了时均符号）。进一步假设混合长度 l' 与质点到管壁的距离成正比，即 $l' = ky$，式中 k 为可由实验确定的常数，通常称为卡门通用常数。于是 $\overline{\tau} = \rho l^2 \left(\dfrac{\mathrm{d}\,\overline{u_x}}{\mathrm{d}y}\right)^2$ 可以变换为：

$$\frac{\mathrm{d}u}{\mathrm{d}y} = \frac{1}{ky}\sqrt{\frac{\tau_0}{\rho}} = \frac{1}{ky}v^*$$

其中设 $v^* = \sqrt{\dfrac{\tau_0}{\rho}}$（摩阻流速），对上式积分，得 $u = \dfrac{v^*}{k}\ln y + c$。

上式就是在混合长度理论下推导所得的在管壁附近紊流流速的分布规律，该式实际上也适用于圆管全部断面（层流底层除外），该式又称为普朗特-卡门对数分布规律。紊流过流断面上流速成对数曲线分布，与层流过流断面上流速成抛物线分布相比，紊流的流速分布要均匀得多。

思 考 题

1. 简述水力半径的概念及其对流动阻力的影响，黏性流体运动和流动阻力的形式。

2. 简述均匀流动基本方程及均匀流动中的水头损失与摩擦损失的关系。

3. 简述流体流动的两种状态；流动状态与水头损失的关系；流动状态的判断准则及其表达式。
   思考在直径相同的管中流过相同的流体，当流速相等时，它们的雷诺数是否相等？当流过不同的流体时，它们的临界雷诺数相等吗？考虑同一种流体分别在直径为 d 的圆管和水力直径为 d_i 的矩形管中做有压流动，当 $d = d_i$ 且速度相等时，它们的流态是否相同？

4. 简述圆管层流速度分布及其剪切力分布形式；平均流速与最大流速的关系。

5. 简述紊流运动要素的处理方法和紊流中的摩擦阻力。

6. 简述紊流核心区和层流底层、水力光滑管和水力粗糙管的概念。

7. 为什么圆管中紊流的速度分布要比层流的均匀？层流底层的厚度对紊流区的流动有何影响？

8. 试述沿程阻力系数的确定，即尼古拉兹试验图分哪几个区，各个区域与哪些因素有关，并画出尼古拉兹试验图。写出沿程阻力损失计算的一般公式。

9. 流体在圆管中流动时，"流动已充分发展"的含义是什么？在什么条件下会出现充分发展了的层流，又在什么条件下会出现充分发展了的湍流。

4 动量传输规律的应用2——边界层流动

本章也是动量传输规律的应用，但是诞生了里程碑的成果。读者在过程中宜侧重如何将现实物理问题简化为物理模型并翻译为数学语言，并掌握数量级的思想。边界层微分方程组的求解是难点，不要求掌握。

4.1 边界层的基本概念

实际流体和理想流体的本质区别是前者具有黏性。对层流而言，摩擦力的大小与速度梯度有关，其比例函数即动力黏度。速度梯度大，黏性力也大，此时的流场称为黏性流场；若速度梯度很小，则黏性力可以忽略，称为非黏性流场。对于非黏性流场，则可按理想流体来处理，则方程可由欧拉方程代替，从而使问题大为简化。

当空气、蒸汽，水等小黏度的流体与其他物体作高速相对运动时，一般雷诺数很大，惯性力远大于黏性力，所以可略去黏性力。但在紧靠物体壁面存在一个流体薄层，在这一薄层中黏性力却与惯性力为同一数量级，所以，在该薄层中两者均不能略去。这一薄层就叫边界层（如图4-1所示），或叫速度边界层，由普朗特在1904年发现。由于在边界层以外，速度梯度很小，因此可认为是无旋运动，则可利用理想流体的势流理论进行处理。所以，流体的流动阻力可近似地认为全部发生在边界层以内。

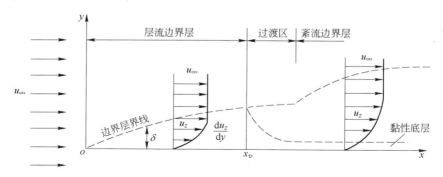

图 4-1　边界层示意图

流体流过固体壁面，紧贴壁面处速度从零迅速增至主流速度，这一流体薄层，就叫边界层或速度边界层。整个流场分为两部分，边界层外，速度梯度很小，黏性忽略，作无旋流动；边界层内为黏性流动，集中了流动中的主要速度降，作有旋流动。由边界层外边界上 $u = 99\% v_\infty$ 来定义 δ，δ 为边界层厚度。按流动状态，边界层又分为层流边界层和紊流边界层。

4.2　不可压缩层流边界层方程

边界层特性的确定，关系到流动阻力、能量损失、传热传质等重要的工程实际问题（见图 4-2）。普朗特和冯·卡门在这方面作出了巨大贡献。他们除了提出边界层的概念以外，还推导了边界层的解析计算法和动量计算法。前者称为边界层的微分方程式，后者称为边界层的积分方程式。

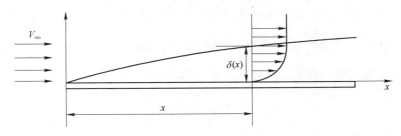

图 4-2　边界层厚度示意图

在边界层以内，取值范围为：$0 \leqslant x \leqslant l$，$0 \leqslant y \leqslant l$。由于 $x \geqslant y$，所以 x 的数量级是 1，y 的数量级是 δ，并且认为 δ 比 1 低一个数量级。在边界层内，由于 $u \geqslant v$，故认为连续方程 $\dfrac{\partial u}{\partial x} + \dfrac{\partial v}{\partial y} = 0$，$u \sim 1$，$y \sim \delta$。$u \sim 1$，可以认为 $v \sim 1$；而 $y \sim \delta$，必然是 $v \sim \delta$，这样才能满足连续方程，即：

$$\frac{\partial u}{\partial x} + \frac{\partial v}{\partial y} = 0$$

$$\frac{1}{1}, \quad \frac{\delta}{\delta}$$

假定边界层内流动全是层流，且忽略质量力，那么，对于不可压流体定常二元绕流流动并忽略质量力时，N-S 方程、连续方程及其数量分析为：

$$u \frac{\partial u}{\partial x} + v \frac{\partial u}{\partial y} = -\frac{1}{\rho} \frac{\partial p}{\partial x} + \nu \left(\frac{\partial^2 u}{\partial x^2} + \frac{\partial^2 u}{\partial y^2} \right)$$

$$1 \times \frac{1}{1}, \quad \delta \frac{1}{\delta}, \quad -\frac{1}{\rho} \frac{\partial p}{\partial x}, \quad \delta^2 \left(\frac{1}{1}, \frac{1}{\delta^2} \right)$$

$$u \frac{\partial v}{\partial x} + v \frac{\partial v}{\partial y} = -\frac{1}{\rho} \frac{\partial p}{\partial y} + \nu \left(\frac{\partial^2 v}{\partial x^2} + \frac{\partial^2 v}{\partial y^2} \right)$$

$$1 \times \frac{\delta}{1}, \ \delta \ \frac{\delta}{\delta}, \ -\frac{1}{\rho} \frac{\partial p}{\partial y}, \ \delta^2 \left(\frac{\delta}{1}, \frac{\delta}{\delta^2} \right)$$

将两方程联立，上式保留 1 的数量级项，低于 1 的数量级统统忽略。故分别得到：

$$u \frac{\partial u}{\partial x} + v \frac{\partial u}{\partial y} = -\frac{1}{\rho} \frac{\partial p}{\partial x} + v \frac{\partial^2 u}{\partial y^2}$$

$$\frac{\partial p}{\partial y} = 0$$

$$\frac{\partial u}{\partial x} + \frac{\partial v}{\partial y} = 0$$

边界层内 $y=0$，$u=v=0$；而 $y=\delta(x)$，$u=u(x)$，沿平壁面 $y=\delta$，$u=1$。上式即为层流边界层微分方程，又称为普朗特边界层方程，由普朗特在 1904 年提出。

由于在边界层内 $\frac{\partial p}{\partial y}=0$，即边界层横截面上应点压力相等，即 $p=f(x)$，而边界层外界上及边界层以外，由势流伯努利方程：

$$p + \frac{1}{2} \rho U_{e}^2 = C$$

对上式两边求导，则：

$$\frac{\mathrm{d}p}{\mathrm{d}x} + \frac{1}{2} \rho 2 U_e \frac{\mathrm{d}U_e}{\mathrm{d}x} = 0 \Rightarrow \frac{\mathrm{d}p}{\mathrm{d}x} = -\rho U_e \frac{\mathrm{d}U_e}{\mathrm{d}x}$$

说明层外压力项和惯性项具有同一数量级，而边界层以内 $\frac{\partial p}{\partial y}=0$，并且，由于在边界层以内惯性项和黏性项为同一数量级，所以压力梯度至多也只能是 1 的数量级，否则 $\frac{\partial u}{\partial x} + \frac{\partial v}{\partial y} = 0$ 不能成立。当流体纵掠平板时，边界层外主流速度没有变化，此时，$\frac{\mathrm{d}U_e}{\mathrm{d}x}=0$，则 $\frac{\mathrm{d}p}{\mathrm{d}x}=0$，则整个流场压力处处相等。$\frac{\partial u}{\partial x} + \frac{\partial v}{\partial y} = 0$ 虽然是在平壁的情况下导出的，但对曲率不太大的曲线壁面仍然适用。此时，x 轴沿壁面方向，y 轴沿壁面法线方向。

边界层微分方程式是边界层计算的基本方程式。显然，此方程比一般的 N-S 方程要简单，但是，由于它的非线性（例如 $u \frac{\partial u}{\partial x} + v \frac{\partial v}{\partial y}$ 就并非一次函数），即使对于外形最简单的物体，求解也是十分困难的。目前，只能对最简单的平板绕流层流边界层进行计算，对复杂物体的绕流以及紊流边界层还不能用微分方程求解。为此，下一节讨论边界层问题的近似解法，即边界层动量积分关系式。

4.3　边界层动量积分方程

4.3.1　边界层动量积分方程的提出

卡门在 1921 年提出边界层动量积分方程。他假设推导前提为：二元定常，忽略质量力，且 u 远大于 v（由边界层微分方程的数量级比较可看出），所以只考虑 x 方向的动量变化，不引入 y 方向的流速 v（见图 4-3）。

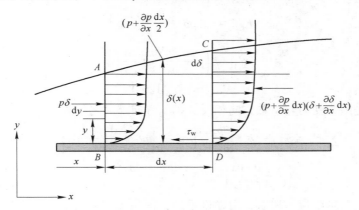

图 4-3　边界层动量分析示意图

取控制体如图 4-3 所示，沿边界层取一块面积 $ABDC$，AB、CD 为两条通直线，且垂直壁面的两者相距 $\mathrm{d}x$，BD 为壁面，并且也为 x 轴，AC 为边界层的外边界线（并非流线），垂直纸面方向的尺寸为 1，则单位时间内：

AB 面流进的流体质量
$$m_{AB} = \int_0^\delta \rho u \cdot 1 \mathrm{d}y$$

动量
$$K_{AB} = \int_0^\delta \rho u^2 \mathrm{d}y$$

CD 面流出的流体质量
$$m_{CD} = \int_0^\delta \rho u \mathrm{d}y + \frac{\partial}{\partial x}\left(\int_0^\delta \rho u \mathrm{d}y\right)\mathrm{d}x$$

动量
$$K_{CD} = \int_0^\delta \rho u^2 \mathrm{d}y + \frac{\partial}{\partial x}\left(\int_0^\delta \rho u^2 \mathrm{d}y\right)\mathrm{d}x$$

对定常流，由质量守恒即"流进控制面的流体质量＝流出控制面的流体质量"，又因边界层外边界线 AC 与流线并不平行，故 AC 面有流体质量流进。则 AC 面流进的流体质量，由 $m_{AC}+m_{AB}=m_{CD}$ 可得：

$$m_{AC} = m_{CD} - m_{AB} = \frac{\partial}{\partial x}\left(\int_0^\delta \rho u \mathrm{d}y\right)\mathrm{d}x$$

由"动量＝质量流量×速度"可得：

$$K_{AC} = U_e \frac{\partial}{\partial x}\left(\int_0^\delta \rho u \, \mathrm{d}y \right) \mathrm{d}x$$

其中 U_e 为边界层外边界上的速度。

则单位时间内通过控制面的 x 方向的动量变化为：

出口动量 $-$ 入口动量 $= K_{CD} - K_{AB} - K_{AC} = \left[\dfrac{\partial}{\partial x}\int_0^\delta \rho u^2 \mathrm{d}y - U_e \dfrac{\partial}{\partial x}\int_0^\delta \rho u \mathrm{d}y \right] \mathrm{d}x$

而控制体在 x 方向的受力为：

AB 面： $\qquad\qquad\qquad\qquad F_{AB} = p \cdot \delta \cdot 1$

CD 面： $\qquad\qquad\qquad\qquad F_{CD} = -\left[p\delta + \dfrac{\mathrm{d}(p\delta)}{\mathrm{d}x}\mathrm{d}x \right]$

AC 面： $\qquad\qquad\qquad\qquad F_{AC} = \left(p + \dfrac{\partial p}{\partial x}\dfrac{\mathrm{d}x}{2} \right)\dfrac{\mathrm{d}\delta}{\mathrm{d}x}\mathrm{d}x$

BD 面： $\qquad\qquad\qquad\qquad F_{BD} = -\tau_w \mathrm{d}x \cdot 1$

式中负号是因为受力与 x 轴方向相反。则 x 方向外力之和为：

$$\sum F_x = p\delta + \left(p + \frac{\partial p}{\partial x}\frac{\mathrm{d}x}{2} \right)\mathrm{d}\delta - \left[p\delta + \frac{\mathrm{d}(p\delta)}{\mathrm{d}x}\mathrm{d}x \right] - \tau_w \mathrm{d}x$$

$$= \left(p + \frac{\partial p}{\partial x}\frac{\mathrm{d}x}{2} \right)\mathrm{d}\delta - \left(\frac{\mathrm{d}p}{\mathrm{d}x}\delta + \frac{\mathrm{d}\delta}{\mathrm{d}x}p \right)\mathrm{d}x - \tau_w \mathrm{d}x = -\delta\frac{\mathrm{d}p}{\mathrm{d}x}\mathrm{d}x - \tau_w \mathrm{d}x$$

其中略去了二阶微量。那么，由动量定理，得到定常运动条件下边界层的动量积分关系式为：

$$\frac{\partial}{\partial x}\int_0^\delta \rho u^2 \mathrm{d}y - U_e \frac{\partial}{\partial x}\int_0^\delta \rho u \mathrm{d}y = -\delta\frac{\partial p}{\partial x} - \tau_w$$

由于在边界层内，$\dfrac{\partial p}{\partial y} = 0$，因为 $p = p(x)$，且 $\delta = \delta(x)$，所以，上述偏导数可改写成：

$$\frac{\mathrm{d}}{\mathrm{d}x}\int_0^\delta \rho u^2 \mathrm{d}y - U_e \frac{\mathrm{d}}{\mathrm{d}x}\int_0^\delta \rho u \mathrm{d}y = -\delta\frac{\mathrm{d}p}{\mathrm{d}x} - \tau_w \qquad\qquad (4\text{-}1)$$

式（4-1）即为边界层的动量积分关系式。由于在推导过程中，未对 τ_w 作任何本质的假设，所以上式适用于层流及紊流。

对不可压流体，式（4-1）的未知数有三个，即 u、τ_w、δ，由于一个方程无法解三个未知数，因此还要补充两个方程。

4.3.2   边界层的位移厚度和动量损失厚度

对于式（4-1）的求解，先改写动量积分关系式，由势流伯努利方程：$p + \dfrac{1}{2}$

$\rho U_e^2 = C$，则 $\dfrac{\mathrm{d}p}{\mathrm{d}x} = -\rho U_e \dfrac{\mathrm{d}U_e}{\mathrm{d}x}$，再由于 $\delta = \displaystyle\int_0^\delta \mathrm{d}y$，则：

$$\delta \frac{\mathrm{d}p}{\mathrm{d}x} = -\rho U_0 \frac{\mathrm{d}U_e}{\mathrm{d}x} \int_0^\delta \mathrm{d}y = -\rho \frac{\mathrm{d}U_e}{\mathrm{d}x} \int_0^\delta U_e \mathrm{d}y$$

再对式（4-1）左边第二项作变换，由乘积求导公式：

$$\frac{\mathrm{d}}{\mathrm{d}x}(\varphi\eta) = \varphi \frac{\mathrm{d}\eta}{\mathrm{d}x} + \eta \frac{\mathrm{d}\varphi}{\mathrm{d}x} \Rightarrow \eta \frac{\mathrm{d}\varphi}{\mathrm{d}x} = \frac{\mathrm{d}}{\mathrm{d}x}(\varphi\eta) - \varphi \frac{\mathrm{d}\eta}{\mathrm{d}x}$$

令 $U_e = \eta$，则得：

$$\int_0^\delta \rho u \mathrm{d}y = \varphi \Rightarrow \eta\varphi = U_e \int_0^\delta \rho u \mathrm{d}y = \int_0^\delta \rho U_e u \mathrm{d}y$$

则

$$U_e \frac{\mathrm{d}}{\mathrm{d}x} \int_0^\delta \rho u \mathrm{d}y = \frac{\mathrm{d}}{\mathrm{d}x} \int_0^\delta \rho U_e u \mathrm{d}y - \frac{\mathrm{d}U_e}{\mathrm{d}x} \int_0^\delta \rho u \mathrm{d}y$$

按上述变换代入式（4-1），可得：

$$\frac{\mathrm{d}}{\mathrm{d}x} \int_0^\delta \rho u^2 \mathrm{d}y - \left(\frac{\mathrm{d}}{\mathrm{d}x} \int_0^\delta \rho u U_e \mathrm{d}y - \frac{\mathrm{d}U_e}{\mathrm{d}x} \int_0^\delta \rho u \mathrm{d}y \right) - \rho \frac{\mathrm{d}U_e}{\mathrm{d}x} \int_0^\delta U_e \mathrm{d}y = -\tau_w$$

$$\frac{\mathrm{d}}{\mathrm{d}x} \left[\rho \int_0^\delta u(U_e - u)\mathrm{d}y \right] + \frac{\mathrm{d}U_e}{\mathrm{d}x} \left[\rho \int_0^\delta (U_e - u)\mathrm{d}y \right] = \tau_w$$

上式第一项积分可得 $\int_0^\delta U_e \mathrm{d}y - \int_0^\delta u \mathrm{d}y$，得到 $\int_0^\delta (U_e - u)\mathrm{d}y = \int_0^\delta (U_e - u)\mathrm{d}y \times 1$，表示速度为 v 的理想流体，流经高度为 δ，垂直纸面尺寸为 1 的截面的流量与以实际流速 u 流过同样截面的流量之差，如图4-4所示。

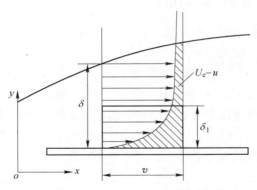

图 4-4 边界层的位移厚度和动量损失厚度

而曲边三角形的面积总可用一个矩形面积来代替，令 $\delta_1 \cdot U_e = \int_0^\infty (U_e - u)\mathrm{d}y$，可求得：

$$\delta_1 = \frac{1}{U_e} \int_0^\delta (U_e - u)\mathrm{d}y = \int_0^\delta \left(1 - \frac{u}{U_e}\right)\mathrm{d}y$$

式中，δ_1 为位移厚度。

比较同一平板表面的黏性流和理想势流流动，由于黏性流体边界层内的流动受阻，在无穷远处来流中，每一条确定的流线在理想势流流场中的位置被向外排挤了一段距离。方程第三项积分的物理意义为：$\int_0^\delta \rho u(U_e - u)\mathrm{d}y = \int_0^\infty \rho u(U_e - u)\mathrm{d}y$ 。显然 $\int_0^\infty \rho u(U_e - u)\mathrm{d}y$ 表示了因黏性影响而产生的流体动量的减少量。令 $\rho\delta_2 \cdot 1 \cdot U_e^2 = \rho \int_0^\infty u(U_e - u)\mathrm{d}y$ ，可求得：

$$\delta_2 = \frac{1}{U_e^2}\int_0^\infty u(U_e - u)\mathrm{d}y = \int_0^\infty \left(1 - \frac{u}{U_e}\right)\frac{u}{U_e}\mathrm{d}y$$

δ_2 称为动量损失厚度，其物理意义为：当理想流体流过平板时，某一断面处通过的质量流量为 $\int_0^\delta \rho U_e \mathrm{d}y$ ；若是黏性流体通过该断面，其质量流量为 $\int_0^\delta \rho u \mathrm{d}y$ ，因此在同一断面损失的理想流体的质量为 $\int_0^\delta \rho(U_e - u)\mathrm{d}y$ ，损失的动量为 $\int_0^\delta \rho(U_e - u)u\mathrm{d}y$ ，把这部分动量损失折算为厚度 δ_2 的理想势流所具有的动量，即边界层内的流体动量损失，其数值相当于平板表面上的厚度为 δ_2 的一层理想流体的动量。

4.3.3 平板层流边界层的近似计算

作为应用边界层的积分关系式来解决实际问题的例子，最简单的是不可压黏性流体定常流流经平板的问题。

如图 4-5 所示，设 x 轴为沿平板方向，y 轴为平板法线方向。坐标原点在平板前缘点上，来流的 v_∞ 沿 x 轴，板长为 l。假定来流 v_∞ 流经平板时，平板上下两层形成层流边界层，现在要求解的是边界的厚度 δ 的变化规律和摩擦阻力 F_D。

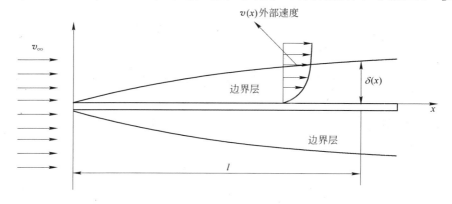

图 4-5 平板层流边界层

由于顺来流方向放置的平板很薄，可以认为不引起流动的改变。所以，在边界层外边界上，$v(x) \approx v_\infty$，由势流的伯努利方程：$p + \frac{1}{2}\rho v_\infty^2 = C$；两边对 x 求导，则：$\frac{\mathrm{d}p}{\mathrm{d}x} + \frac{1}{2}\rho^2 v_\infty \frac{\mathrm{d}v_\infty}{\mathrm{d}x} = 0$，所以 $\frac{\mathrm{d}p}{\mathrm{d}x} = 0$，即 p 为常数，即边界层外边界上压力为常数。而边界层内，$\frac{\partial p}{\partial y} = 0$，所以整个边界层内向点压力相同，即 $\frac{\mathrm{d}p}{\mathrm{d}x} = \frac{\partial p}{\partial y} = 0$，整个流场压力处处相等。代入上式则变成：

$$\frac{\mathrm{d}}{\mathrm{d}x}\left(\int_0^\delta \rho u^2 \mathrm{d}y\right) - v_\infty \frac{\mathrm{d}}{\mathrm{d}x}\left(\int_0^\delta \rho u \mathrm{d}y\right) = -\tau_\mathrm{w} \tag{4-2}$$

式中有三个未知数 u、τ_w、δ，所以需要再补充两个方程。

假设边界层内速度的分布为：

$$u(y) = a_0 + a_1 y + a_2 y^2 + a_3 y^3 + a_4 y^4 = \sum_{k=0}^4 a_k y^k \tag{4-3}$$

可以看出层内 u 随 y 的增加而增加，这和实际情况是符合的。边界条件为：

（1）壁面外，$y = 0$，$u = 0$；

（2）边界层外边界处，$y = \delta$，$u = v_\infty$；

（3）边界层外边界处，$y = \delta$，$\left.\frac{\partial u}{\partial y}\right|_{y=s} = 0$；

（4）边界层外边界处，由于 $u = v_\infty$，由层流边界层微分方程（即普朗特边界层方程），在边界层的外边界上有：

$$\begin{cases} u\dfrac{\partial u}{\partial x} + v\dfrac{\partial u}{\partial y} = -\dfrac{1}{\rho}\dfrac{\partial p}{\partial x} + v\dfrac{\partial^2 u}{\partial y^2} \\ \left.\dfrac{\partial^2 u}{\partial y^2}\right|_{y=s} = -\dfrac{1}{\mu}\dfrac{\mathrm{d}p}{\mathrm{d}x} = 0 \end{cases}$$

（5）在平板壁面处，$y = 0$，$u = v = 0$，又由上式可得：

$$\left.\frac{\partial^2 u}{\partial y^2}\right|_{y=0} = -\frac{1}{\mu}\frac{\mathrm{d}p}{\mathrm{d}x} = 0$$

把边界条件代入式（4-3），得：$a_0 = 0$，$a_1 = 2 \times \dfrac{v_\infty}{\delta}$，$a_2 = 0$，$a_3 = -2 \times \dfrac{v_\infty}{\delta^3}$，$a_4 = \dfrac{v_\infty}{\delta^4}$。再把上面的五个系数代入式（4-3），得第一个补充关系式，即层流边界层中的速度分布规律为：

$$u = v_\infty\left[2\left(\frac{y}{\delta}\right) - 2\left(\frac{y}{\delta}\right)^3 + \left(\frac{y}{\delta}\right)^4\right]$$

再对上式求导，并利用牛顿内摩擦定律，得：

$$\tau_w = \mu \left(\frac{du}{dy}\right)_{y=0} = \mu \frac{v_\infty}{\delta} \left[6\left(\frac{y}{\delta}\right)^2 + 4\left(\frac{y}{\delta}\right)^3\right]_{|y=0} = 2\mu \frac{v_\infty}{\delta}$$

再将上式代入式（4-2）求积分，则得到：$\int_0^\delta u\,dy = \frac{7}{10}v_\infty\delta$，$\int_0^\delta u^2\,dy = \frac{367}{630}v_\infty^2\delta$，

最后求得：$\frac{37}{630}v_\infty\delta d\delta = v dx$，积分得 $\frac{37}{1260}v_\infty\delta^2 = vx + C$。确定积分常数 C，$x=0$，$\delta=0$，$C=0$，于是得：

$$\delta = 5.84\sqrt{\frac{vx}{v_\infty}} = 5.84x\,Re_x^{-\frac{1}{2}}, \quad Re_x = \frac{v_\infty x}{v}$$

它的精确解为 $\delta = 5x\,Re_x^{-\frac{1}{2}}$，并且 u 的表达式为 y 的三次方时，得出的解比四次方精确，其系数为 4.64。因此，不能认为选择速度分布时，多项式数越多越好。

由上式可看出：δ 随 x 的增加而增加，随 v_∞ 的增加而减小。将 δ 表达式代入牛顿内摩擦定律，得切向应力：$\tau_w = 0.365\rho v_\infty^2\,Re_x^{-\frac{1}{2}}$。从该式可以看出：沿平板长度方向（$x$ 轴正方向），τ_w 越来越小，这是因为随着 x 增加，速度边界层越来越厚，边界层内速度变化渐趋缓和的缘故。总摩擦阻力为：

$$F_D = \int_0^h \tau_w b\,dx = 0.73bl\rho v_\infty^2\,Re_L^{-\frac{1}{2}}$$

其中 b 为板宽，且 F_D 为平板一面的摩擦阻力，一块板两面的摩擦阻力为 $2F_D$。

摩擦阻力系数为：$C_f = \dfrac{F_D}{\frac{1}{2}\rho v_\infty^2\,bl} = 1.46\,Re_L^{-\frac{1}{2}}$，其中 C_f 为无量纲数。

4.4 边界层分离现象

前面几节讲的是绕平板流动的边界层问题，这类问题比较简单，这是因为整个流场包括边界层内压力保持不变。但是当黏性流体流经曲面物体时，边界层外边界上沿曲面方向的流体速度 v 是改变的，即 $\dfrac{dv}{dx} \neq 0$，$\dfrac{dp}{dx} \neq 0$，所以，曲面边界层内的压力也将发生变化。

通过压力的变化（即 $\dfrac{dp}{dx} \neq 0$）对边界层内流动的影响，可进一步说明流动离开物体而分离的原因。并且，由于层内 $\dfrac{\partial p}{\partial y} = 0$，故 $\dfrac{dp}{dx} = \dfrac{dp_\infty}{dx}$。边界层分离指边界层从某个位置开始脱离物面，此时物面附近出现回流现象，如图 4-6 所示，这样的

现象又称作边界层脱体现象。

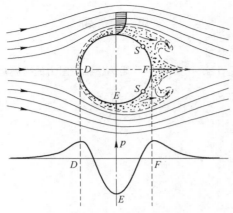

图 4-6　曲面边界层的分离

4.5　物体的阻力

阻力包括黏性摩擦阻力和压差阻力。压强系数定义为：

$$C_p = \frac{p - p_\infty}{\frac{1}{2}\rho v_\infty^2}$$

式中，ρ 为密度；v_∞ 和 p_∞ 分别为无穷远处来流速度和压强。

由于边界层分离后在圆柱后面形成了尾流区，尾流区内流体的压强比圆柱前面流体的压强小，这就形成了前后压强差，从而对物体的运动造成阻力，称为压差阻力。分离流动中，压差阻力占整个阻力的98%以上。

物体的阻力系数定义为：

$$C_D = \frac{F_D}{\frac{1}{2}\rho v_\infty^2 A}$$

式中，F_D 为物体阻力；ρ 为密度；v_∞ 为来流速度；A 为迎流面积。

对于圆球在流体中运动所受到的阻力，有人通过实验研究，总结出了如下的经验公式：

$$C_D = \begin{cases} \dfrac{24}{Re} & (Re < 1，同理论) \\[2mm] \dfrac{13}{\sqrt{Re}} & (Re \text{ 为 } 10 \sim 10^3) \\[2mm] 0.48 & (Re \text{ 为 } 10^3 \sim 2 \times 10^5) \end{cases}$$

式中，Re 为雷诺数。

思 考 题

1. 何为边界层，它有什么特征?
2. 物体阻力产生的机理是什么，分为哪两项阻力，减少阻力的措施是什么?

5 动量传输规律的应用3——一维气体动力学

本章是动量传输规律的应用，是空气动力学的基础之一，读者在学习过程中宜侧重如何将现实物理问题简化为物理模型并翻译为数学语言。

5.1 可压缩气流的基本概念

5.1.1 音速

在可压缩流体中，如果某处产生一个微弱的局部压力扰动，这个压力扰动将以波面的形式在流体内传播，其传播速度称为音速，记作 a。

用一个管道-活塞系统说明微弱扰动波的传播。设在无限长的等断面管道中充满静止的可压缩流体，其压强、密度和温度分别为 p、ρ、T。管内右端有一个活塞，该活塞突然以一个微小速度 u 向右运动，如图 5-1 所示。

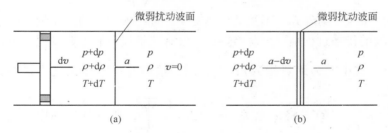

图 5-1 小扰动波的传动

由于活塞的突然启动，紧贴活塞的流体也随之以速度 u 向左运动，同时受到压缩，使压强、密度、温度都有所增加，变为 $p+\mathrm{d}p$、$\rho+\mathrm{d}\rho$、$T+\mathrm{d}T$。而远方的流体尚未受到干扰，速度仍为零，压强、密度、温度仍为 p、ρ、T。受扰动和未受扰动的分界面称为波面，随着时间的推移，扰动区逐渐扩大，波面向左传播，其速度 a 就是音速。

扰动波的传播对于绝对静止坐标系来说是非恒定流动，这对于问题的研究很不方便，为此，取一个固定在波面上的运动坐标系 x-y，在该运动坐标系观察到的流动是定常的。在波面上取一个控制体，控制体左面的流体速度、压强、密度和温度是 a、p、ρ、T，而在右面，这些流动参数则是 $a-u$、$p+\mathrm{d}p$、$\rho+\mathrm{d}\rho$、$T+\mathrm{d}T$，左、右两面面积都等于管道断面积。对于该控制体，定常运动的连续性方程为：

$$\rho a A = (\rho + d\rho)(a-u)A \quad 或 \quad u = \frac{d\rho}{\rho + d\rho}a$$

根据定常运动的动量方程，作用在控制体上的外力和等于单位时间内流出和流入控制面的动量之差。

利用连续性方程可得：

$$pA - (p + dp)A = (\rho + d\rho)(a - u)^2 A - \rho a^2 A$$

由动量方程得：

$$-dpA = \rho a A\left[(a-u)-a\right]$$

略去微量后得：

$$\frac{d\rho}{\rho + d\rho}a = \frac{dp}{\rho a}$$

$$a = \sqrt{\frac{dp}{d\rho}} \tag{5-1}$$

式（5-1）由连续性方程和动量方程导出，对液体和气体都适用。对于液体，气体模量 $K = \rho\dfrac{dp}{d\rho}$，代入式（5-1）得声速公式 $a = \sqrt{\dfrac{K}{\rho}}$。对于气体，由于小扰动波的传播速度很快，与外界来不及进行热交换，且各项参数的变化量是微小量，因此小扰动波的传播过程是一个既绝热，又没有能量损失的等熵过程。由等熵过程方程 $\dfrac{p}{\rho^k} = c$（式中 k 为绝热指数），微分后，整理并代入理想气体状态方程 $\dfrac{p}{\rho} = RT$，得 $\dfrac{dp}{d\rho} = k\dfrac{p}{\rho} = kRT$。将以上关系代入 $a = \sqrt{\dfrac{dp}{d\rho}}$，便得到气体中音速公式 $a = \sqrt{k\dfrac{p}{\rho}} = \sqrt{kRT}$。

综合以上分析，可以看出：

（1）密度对压强的变化率 $\dfrac{d\rho}{dp}$ 反映流体的压缩性，$\dfrac{d\rho}{dp}$ 越大，其倒数 $\dfrac{dp}{d\rho}$ 越小，音速 $a = \sqrt{\dfrac{dp}{d\rho}}$ 越小，流体越容易被压缩；反之，$a = \sqrt{\dfrac{dp}{d\rho}}$ 越大，流体越不易被压缩；不可压缩流体 $a \to \infty$。所以音速是反映流体压缩性大小的物理参数。

（2）音速与气体热力学温度 T 有关（$a = \sqrt{kRT}$），在气体动力学中，温度是空间坐标的函数。为强调这一点，常称其为当地音速。

（3）音速与气体的绝热指数 k 和气体常数 R 有关，所以不同气体的音速不同。

5.1.2 马赫数

流体运动的速度与当地音速之比称为马赫数,以 Ma 表示:

$$Ma = \frac{u}{a}$$

在可压缩气流中,马赫数是一个重要的无量纲参数。按马赫数的大小,气流分成多种形式:$Ma < 0.3$ 时为不可压缩气流,$Ma = 0.3 \sim 0.8$ 时为亚音速,$Ma = 0.8 \sim 1.2$ 时为跨音速,$Ma = 1.2 \sim 5.0$ 时为超音速,$Ma = 1$ 时为音速,$Ma = 5.0 \sim 10$ 时为高超音速。

点扰动产生的扰动波在无界的静止的可压缩流体中传播时,其波面是球面,这个扰动可以传播到整个空间。微弱扰动波在气流中的传播情况则比较复杂,可分四种情况讨论运动的点扰动源发出的扰动波在静止气体中的传播,如图 5-2 所示。

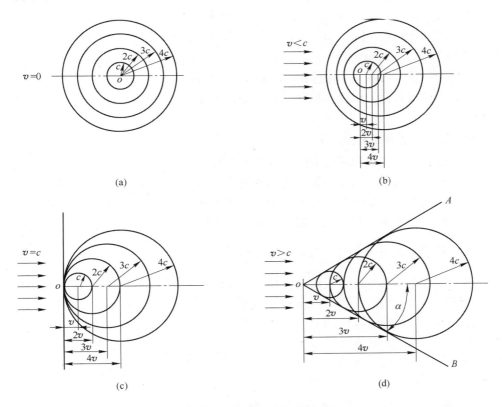

图 5-2 小扰动波传播的图形

5.1.2.1 静止流场

在静止流场中，扰动源产生的微弱扰动波以声速 a 向四周传播，形成以扰动源所在位置为中心的同心球面波，微弱扰动波在 3s 末的传播情况如图 5-2（a）所示。如果不考虑微弱扰动波在传播过程中的损失，随着时间的延续，扰动必将传遍整个流场，也就是说，微弱扰动波在静止气体中的传播是无界的。

5.1.2.2 亚声速流场

在亚声速流场中，扰动源产生的微弱扰动波在 3s 末的传播情况如图 5-2（b）所示。由于扰动源本身以速度运动，故微弱扰动波在各个方向上传播的绝对速度不再是当地声速 a，而是这两个速度的矢量和。这样，球面扰动波在顺流和逆流方向上的传播就不对称了。但是由于 $v<a$，所以微弱扰动波仍能逆流传播，相对气流传播的扰动波面是一串不同心的球面波。如果不考虑微弱扰动波在传播过程中的损失，随着时间的延续，扰动仍可以传遍整个流场，也就是说，微弱扰动波在亚声速气流中的传播也是无界的。

5.1.2.3 声速流场

在声速流场中，扰动源产生的微弱扰动波在 3s 末的传播情况如图 5-2（c）所示。由图 5-2（c）可见，由于 $v=a$，所以扰动波已不能逆流向上游传播，所有扰动波面是与扰动源相切的一系列球面。随着时间的延续，球面扰动波不断向外扩大，但无论它怎样扩大，也只能在扰动源所在的垂直平面的下游半空间内传播，永远不可能传播到上游半空间，也就是说，微弱扰动波在声速气流中的传播是有界的。

5.1.2.4 超声速流场

扰动源以大于音速的速度 v 向右运动。这种情况与图 5-2（d）所示的情况类似，但受扰动区缩小了，微弱扰动波面的包络是一个圆锥面，扰动只能传播到该圆锥面的内部空间，这个圆锥称为马赫锥，马赫锥的母线称为马赫波或马赫线。马赫锥的顶点就是扰动源，马赫锥顶角的一半称为马赫角，记作 α，由图 5-2（d）看出小扰动波传播规律为 $\alpha = \sin^{-1}\left(\dfrac{1}{Ma}\right)$。

马赫锥外面的气体不受扰动的影响，故又称为寂静区。由于扰动波不能传播到马赫锥的外部，因此，当飞机作超音速飞行时，在飞机的前方听不到飞机发出的声音，只有飞机掠过人们的头顶之后，才能听到飞机的轰隆声。由此可见，陆上的交通车辆不应以超音速行驶，否则行人听不到疾驶过来的车辆鸣笛的声音。以上是扰动源以速度 u 在静止气体中运动时微弱扰动波的传播情况。如果扰动源静止，气体以速度 u 向右运动，这时，扰动波在气流中的传播情况也可以用图 5-2 表示，因此，亚音速流和超音速流的一个根本差别为：在亚音速流动中，微弱扰动可以传播到空间任何一点；而在超音速流动中，扰动只能在马赫锥内部传播。

5.2 理想气体一维恒定流的基本方程

5.2.1 基本方程

5.2.1.1 连续性方程

由于气体的密度在流动中是发生变化的，所以它的连续性方程不能像不可压缩流体那样按体积流量来计算，而需要用质量流量来计算，即气体在流管中流动时，单位时间内流过流管中任意两个有效断面的质量流量必定相等，即 $\rho_1 v_1 A_1 = \rho_2 v_2 A_2$，即 $\rho v A = c$。对上式微分，可得连续性微分方程：

$$\frac{\mathrm{d}\rho}{\rho} + \frac{\mathrm{d}v}{v} + \frac{\mathrm{d}A}{A} = 0 \tag{5-2}$$

5.2.1.2 能量方程

能量方程为：

$$\int \frac{\mathrm{d}p}{p} + \frac{v^2}{2} = c$$

该方程表明单位质量流体所具有的内能、压能与动能之和保持不变。可压缩流体密度不是常数，而是关于压强和温度的函数。

A 定容过程

定容过程是指比容保持不变的热力学过程。所谓比容是指单位质量气体所占有的容积，即密度的倒数。因此，实际上是不可压缩流体，即：

$$\frac{p}{\rho} + \frac{v^2}{2} = c \ \text{或} \ \frac{p}{\gamma} + \frac{v^2}{2g} = c$$

该方程表明沿程各断面单位质量流体具有的机械能保持不变。

B 等温过程

等温过程是指温度不变的过程。根据状态方程 $\frac{p}{\rho} = RT$，因为 $RT = c$，得出 $\frac{p}{\rho}$ $= RT = c$，将 $\rho = \frac{p}{c}$ 代入积分公式：$\int \frac{\mathrm{d}p}{p} = c \ln p = \frac{p}{\rho} \ln p$，将上式代入式 $\int \frac{\mathrm{d}p}{p} + \frac{v^2}{2} = c$ 得等温过程能量方程为：

$$\frac{p}{\rho} \ln p + \frac{v^2}{2} = c \ \text{或} \ RT \ln p + \frac{v^2}{2} = c \tag{5-3}$$

C 绝热过程

绝热过程是指与外界没有热交换的热力学过程。理想气体无摩擦的绝热过程是等熵过程，等熵方程为：$\frac{p}{\rho^k} = c$，则 $\rho = \sqrt[k]{\frac{p}{c}}$，代入积分公式 $\int \frac{\mathrm{d}p}{\rho} = \frac{k}{(k-1)} \frac{p}{\rho}$

中，再将该式代入式（5-3），得绝热过程能量方程：

$$\frac{kp}{(k-1)\rho} + \frac{v^2}{2} = c$$

5.2.2 滞止参数

设想气流过某断面的流速以无摩擦绝热过程降低至零时，断面各参数所达到的值，称为气流在该断面的滞止参数。

在实际工程上，为了方便起见，常使用滞止参数这个概念来分析和计算流动问题，而且由于它比较容易测量，所以滞止参数得到广泛的应用。设想气体流过流管的两个有效断面时，在一个断面上完全滞止下来，也就是说，在这个断面上的气流速度等于零，则这个断面上的气流状态称为滞止状态，滞止状态下各相应参数称为滞止参数，分别以 p_0、ρ_0、T_0、a_0 表示。气体绕过一个物体时，在驻点处气流受到阻滞，速度等于零，这一点的气流状态也是滞止状态。滞止参数在整个流动过程中保持不变。

按滞止参数的定义，由绝热过程能量方程式便可得到某一断面的运动参数和滞止参数之间的关系，即：

$$\frac{k}{k-1} \cdot \frac{p_0}{\rho_0} = \frac{k}{k-1} \cdot \frac{p}{\rho} + \frac{v^2}{2} \quad\text{或者}\quad \frac{k}{k-1}RT_0 = \frac{k}{k-1}RT + \frac{v^2}{2}$$

或以滞止音速 $a_0 = \sqrt{kRT_0}$ 和当地音速 $a = \sqrt{kRT}$ 表示，即：

$$\frac{a_0^2}{k-1} = \frac{a^2}{k-1} + \frac{v^2}{2}$$

为了便于分析计算，将滞止参数与运动参数之比，表示为马赫数的函数，便有：

$$\frac{T_0}{T} = 1 + \frac{k-1}{2} \cdot \frac{v^2}{kRT} = 1 + \frac{(k-1)v^2}{2a^2} = 1 + \frac{k-1}{2}Ma^2 \tag{5-4}$$

根据等熵过程方程式可导出：

$$\frac{p_0}{p} = \left(\frac{T_0}{T}\right)^{\frac{k}{k-1}} = \left(1 + \frac{k-1}{2}Ma^2\right)^{\frac{k}{k-1}} \tag{5-5}$$

$$\frac{\rho_0}{\rho} = \left(\frac{T_0}{T}\right)^{\frac{1}{k-1}} = \left(1 + \frac{k-1}{2}Ma^2\right)^{\frac{1}{k-1}} \tag{5-6}$$

$$\frac{a_0}{a} = \left(\frac{T_0}{T}\right)^{\frac{1}{2}} = \left(1 + \frac{k-1}{2}Ma^2\right)^{\frac{1}{2}} \tag{5-7}$$

根据式（5-4）~式（5~7）和马赫数的关系式，只需已知滞止参数和某一断面的马赫数，便可求得该断面的运动参数。

极限状态最大流速为：$v_{max} = \sqrt{2h_0}$

临界音速为：$a = \sqrt{\dfrac{2k}{k-1}RT_0} = \sqrt{\dfrac{2k}{k-1}\dfrac{p_0}{\rho_0}} = a_0\sqrt{\dfrac{2}{k+1}} = v_{max}\sqrt{\dfrac{k-1}{k+1}}$

空气在标准状态下（一个标准大气压，287K）：$K = 1.4$，$v_{max} = 2.23a_0$，$a = 18.3\sqrt{T_0}$。

5.2.3　气体按不可压缩流体处理的限度

本章之前就已指出，对于低速气流，可忽略压缩性，可按不可压缩流体处理。理想气体一维流动，可按不可压缩流体的能量方程计算，即 $p_0 = p + \dfrac{\rho v^2}{2}$，为了进行比较，将上式改写为 $\dfrac{p_0 - p}{\dfrac{\rho v^2}{2}} = 1$。按绝热过程计算，式（5-5）等号右边按二项式定理展开，取前两项得：

$$\frac{p_0}{p} = \left(1 + \frac{k-1}{2}Ma^2\right)^{\frac{k}{k-1}} = 1 + \frac{k}{2}Ma^2\left(1 + \frac{Ma^2}{4}\right)$$

其中 $\dfrac{k}{2}Ma^2 = \dfrac{kv^2}{2a^2} = \dfrac{\rho v^2}{2p}$，整理得 $\dfrac{p_0 - p}{\dfrac{\rho v^2}{2}} = 1 + \dfrac{Ma^2}{4}$

由以上分析可知，要使气流加速，当流速尚未达到当地声速时，喷管断面应逐渐收缩，直至流速达到当地声速时，断面收缩到最小值，这种喷管称为渐缩喷管。渐缩喷管出口处的流速最大只能达到当地声速。要使气流从亚声速加速到超声速，必须将喷管做成先逐渐收缩而后逐渐扩大的形状（在最小断面处流速达到当地声速），这种喷管称为缩放喷管。缩放喷管是瑞典工程师拉瓦尔在研制汽轮机时发明的，所以又称为拉瓦尔喷管。这种利用管道断面的变化来加速气流的几何喷管，在汽轮机、燃气轮机、喷气发动机和流量测量中被广泛地应用，本节以完全气体为对象，来讨论渐缩喷管和缩放喷管基本设计的关系式。

5.2.4　流动参数与断面积的关系

由运动微分方程 $\dfrac{dp}{p} + vdv = 0$ 及音速公式 $a = \sqrt{\dfrac{dp}{d\rho}}$，得到关系式 $vdv = -\dfrac{dp}{p} = \dfrac{dp}{d\rho} \cdot \dfrac{d\rho}{\rho} = -a^2\dfrac{d\rho}{\rho}$，则：

$$\frac{d\rho}{\rho} = -\frac{vdv}{a^2} = -Ma^2\frac{dv}{v} \tag{5-8}$$

将式（5-8）代入过程方程 $\dfrac{p}{\rho^k}=c$ 的微分式，整理得：

$$\frac{\mathrm{d}p}{p} = k\,\frac{\mathrm{d}\rho}{\rho} = -\,kMa^2\,\frac{\mathrm{d}v}{v} \tag{5-9}$$

将式（5-8）、式（5-9）代入 $\dfrac{\mathrm{d}p}{p}=\dfrac{\mathrm{d}\rho}{\rho}+\dfrac{\mathrm{d}T}{T}$ 中得：

$$\frac{\mathrm{d}T}{T} = -\,(k-1)Ma^2\,\frac{\mathrm{d}v}{v} \tag{5-10}$$

因此气体速度 v 的变化，总是与参数 ρ、p、T 的变化相反，如 v 沿程增大，ρ、p、T 必减小，反之亦然。

最后，为分析流动参数随断面积变化的关系，将式（5-9）代入连续性方程式（5-10），整理得：

$$\frac{\mathrm{d}v}{v} = \frac{1}{Ma^2-1}\,\frac{\mathrm{d}A}{A} \tag{5-11}$$

将式（5-11）分别代入式（5-8）~式（5-10），得

$$\frac{\mathrm{d}\rho}{\rho} = -\frac{Ma^2}{Ma^2-1}\cdot\frac{\mathrm{d}A}{A}\,,\quad \frac{\mathrm{d}p}{p} = -k\,\frac{Ma^2}{Ma^2-1}\cdot\frac{\mathrm{d}A}{A}\,,\quad \frac{\mathrm{d}T}{T} = -\,(k-1)\,\frac{Ma^2}{Ma^2-1}\cdot\frac{\mathrm{d}A}{A}$$

5.3   喷   管

通过改变断面几何尺寸来加速气流的管道称为喷管。工业上使用的喷管有两种，即：收缩喷管和缩放喷管。

5.3.1   收缩喷管

假设气流从大容器经收缩喷管等熵流出，如图5-3所示。由于容器很大，可近似地把容器中的气体看作是静止的，即容器中的气体处于滞止状态，滞止参数分别为 ρ_0、p_0 和 T_0，喷管出口断面（在喷管内）的参数设为 ρ_e、p_e 和 T_e，喷管出口外的气体压强 p_b 称为背压（环境压强）。

对大容器内的0-0断面和喷管出口1-1断面列能量方程，得 $\dfrac{kRT_0}{k-1}=\dfrac{kRT_e}{k-1}+\dfrac{v_e^2}{2}$，则 $v_e = \sqrt{\dfrac{2k}{k-1}RT_0\left(1-\dfrac{T_e}{T_0}\right)}$。根据状态方程 $RT_0=\dfrac{p_0}{\rho_0}$ 和等熵条件 $\dfrac{T_1}{T_0}=\left(\dfrac{p_1}{p_0}\right)^{\frac{k-1}{k}}$，该式还可写成：

$$v_e = \sqrt{\frac{2k}{k-1}\frac{p_0}{\rho_0}\left[1-\left(\frac{p_e}{p_0}\right)^{\frac{k-1}{k}}\right]} \qquad (5\text{-}12)$$

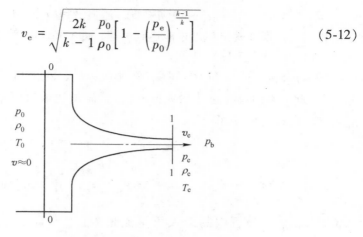

图 5-3 收缩喷管示意图

则质量流量为：

$$Q_m = \rho_e v_e A_e = \rho_0 \left(\frac{p_e}{p_0}\right)^{\frac{1}{k}} v_e A_e = \rho_0 A_e \sqrt{\frac{2k}{k-1}\frac{p_0}{\rho_0}\left[\left(\frac{p_e}{p_0}\right)^{\frac{2}{k}} - \left(\frac{p_e}{p_0}\right)^{\frac{k+1}{k}}\right]} \qquad (5\text{-}13)$$

由式（5-13）可知，对于给定的气体，当滞止参数和喷管的出口断面面积不变时，喷管的质量流量 Q_m 只随压强比 $\dfrac{p_e}{p_0}$ 变化。而实际上，Q_m 的变化取决于 $\dfrac{p_b}{p_0}$，其关系曲线如图 5-4 中的实线 abc（虚线部分实际上达不到）所示。

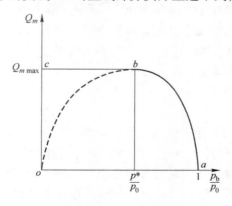

图 5-4 流量与压强比关系

下面分几种情况讨论质量流量 Q_m 随压强的变化规律。

（1）$p_0 = p_b$。由于喷管两端无压差，气体不流动，因此 $Q_m = 0$，出口压强 $p_e = p_b$。

（2）$p_0>p_b>p^*$。气体经收缩喷管，压强沿程减小，出口压强 $p_e=p_b>p^*$。流速沿程增大，但在管出口处未能达到声速，即 $v_e<a$。喷管出口的流速和流量可按式（5-12）和式（5-13）计算。

（3）$p_0>p_b=p^*$。气体经收缩喷管加速后，在出口达到声速，$v_e=a^*$，即 $Ma=1$。此时，出口流速达最大值 v_{e-max}，流量达最大值 Q_{m-max}，出口压强 $p_e=p_b=p^*$。由式（5-5）得：

$$\frac{p_e}{p_0}=\frac{p^*}{p_0}=\left(\frac{2}{k+1}\right)^{\frac{k}{k-1}} \tag{5-14}$$

将式（5-14）代入式（5-12）和式（5-13）中，可得收缩喷管出口断面的最大流速 v_{e-max} 和喷管内的最大质量流量 Q_{m-max}，即 $v_{e-max}=c^*=\sqrt{\dfrac{2k}{k+1}\cdot\dfrac{p_0}{\rho_0}}$ 和

$Q_{m-max}=A_e\sqrt{kp_0\rho_0}\left(\dfrac{2}{k+1}\right)^{\frac{k+1}{2(k-1)}}$。

（4）$p_0>p^*>p_b$。由于亚声速气流经收缩喷管不可能达到超声速，故气流在喷管出口处的速度仍为声速，即 $v_{e-max}=a^*$，出口处的压强仍为临界压强，即 $p_e=p^*>p_b$。此时，因收缩喷管出口断面处已达临界状态，出口断面外存在的压差扰动不可能向喷管内逆流传播，故气流从出口处的压强 p^* 降至背压 p_b 的过程只能在喷管外完成，这就是质量流量 Q_m 不完全按照式（5-13）变化的根本原因。

综上所述，当容器中的气体压强 p_0 一定时，随着背压的降低，收缩喷管内的质量流量将增大，当背压下降到临界压强时，喷管内的质量流量达最大值，若再降低背压，流量也不会增加。这种背压小于临界压强时，管内质量流量不再增大的状态称为喷管的壅塞状态。

5.3.2　缩放喷管

前已述及，要想得到超声速气流，必须使亚声速气流先经过收缩喷管加速，使其在最小断面处达到当地声速，再经扩张管道继续加速，才能得到超声速气流。这种先收缩后扩张的喷管称为缩放喷管（拉瓦尔喷管），喷管的最小断面称为喉部，如图5-5所示。缩放喷管是产生超声速流动的必要条件，对一给定的缩放喷管，若改变上下游压强比，喷管内的流动将发生相应的变化。下面讨论大容器内气流总压 p_0 不变，改变背压 p_b 时缩放喷管内的流动情况。

（1）$p_0=p_b$：喷管内无流动，喷管中各断面的压强均等于总压 p_0，如图5-5中直线 OA 所示，此时的质量流量 $Q_m=0$。

（2）$p_0>p_b>p_F$：喷管中全部是亚声速气流，用于产生超声速气流的缩放喷管

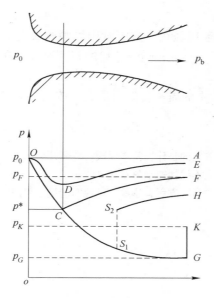

图 5-5 缩放喷管中的流动

变成了普通的文丘里管，如图 5-5 中曲线 ODE 所示。此时的质量流量完全取决于背压 p_b，可利用式（5-13）进行计算。

（3）$p_F > p_b > p_K$：此时，在喉部下游的某一断面将出现正激波，气流经过正激波，超声速流动变为亚声速流动，压强发生突跃变化，如图 5-5 中曲线 OCS_1 和 S_2H 所示。

随着背压增大，扩张段中正激波向喉部移动。当 $p_b = p_F$ 时，正激波刚好移至喉部断面，但此时的激波已退化为一道微弱压缩波，喉部的声速气流受到微弱压缩后变为亚声速气流，除喉部以外其余管段均为亚声速流动，如图 5-5 中曲线 OCF 所示。

随着背压下降，扩张段中正激波向喷管出口移动。当 $p_b = p_K$ 时，正激波刚好移至出口断面，这时扩张段中全部为超声速流动。超声速气流通过激波后，压强由波前的 p_G 突跃为波后的 p_K，以适应高背压的环境条件，如图 5-5 中曲线 $OCGK$ 所示。

（4）$p_K > p_b > p_G$：喷管扩张段中全部为超声速流动，压强分布如图 5-5 中的曲线 OCG 所示。但在出口，压强为 p_G 的超声速气流进入压强大于 p_G 的环境背压中，将受到高背压压缩，在管外形成斜激波，超声速气流经过激波后压强增大，与环境压强相平衡。正激波和斜激波的知识已超过本书范围，故在此不再详述。

（5）$p_b = p_G$：喷管扩张段内超声速气流连续地等熵膨胀，出口断面压强与背压相等，压强分布如图 5-5 中的曲线 OCG 所示。这正是用来产生超声速气流的理想情况，称为设计工况。

（6）$p_G > p_b > 0$：气流压强在缩放喷管中沿喷管轴向的变化规律，如图 5-5 中曲线 OCG 所示。但由于 $p_G > p_b$，喷管出口的超声速气流在出口外还需进一步降压膨胀。

以上（3）~（6）中的质量流量均最大，按式（5-13）计算。

思 考 题

1. 建立流体流动微分方程依据的是什么基本原理，有哪几个基本步骤？
2. 试说明如何将亚音速气流连续加速至超音速气流。
3. 气体一维定常等熵流动的基本方程有哪些，试说明能量方程的物理意义。

6 相似原理和量纲分析

相似原理是重要的实验理论，而"三传"是相似原理的"乐园"，故本章可以看作是"三传"的"黏结剂"。

6.1 量纲分析的意义和量纲和谐原理

6.1.1 量纲的概念

6.1.1.1 量纲

在流体力学中涉及不同的物理量如长度、时间、质量、力、速度、加速度、黏性系数等，所有这些物理量都是由自身的物理属性（或称类别），以及为量度物理属性而规定的量度标准（或称量度单位）两个因素构成的。例如长度，它的物理属性是线性几何量，量度单位则规定有米、厘米、英尺、光年等不同的标准。物理量的一般构成因素有属性和度量单位两部分。

物理量的属性称为量纲或因次。显然，量纲是物理量的实质，不受人为因素的影响。通常以 [L] 代表长度量纲、[M] 代表质量量纲、[T] 代表时间量纲，一般采用 [q] 代表物理量 q 的量纲，则面积 A 的量纲可表示为：$[A] = [L]^2$，同样，密度的量纲可表示为：$[\rho] = [M][L]^{-3}$。

不具有量纲的量称为无量纲量，就是常数或常量，如圆周率 π = 圆周长/直径 = 3.14159…，角度 α = 弧长/曲率半径，这些都是无量纲量。

单位是人为规定的量度标准，例如现行的长度单位 m，最初是 1791 年法国国民会议通过的，即 1m 为经过巴黎的地球子午线长的四千万分之一，1960 年第 11 届国际计量大会重新规定为氪同位素（Kr^{86}）原子辐射波的 1650763.73 个波长的长度。因为有量纲量是由量纲和单位两个因素决定的，因此受人的意志影响。

6.1.1.2 基本量纲与导出量纲

一个力学过程所涉及的各物理量的量纲之间是有联系的，例如速度的量纲 $[u] = [L][T]^{-1}$ 就是与长度和时间的量纲相联系的。根据物理量量纲之间的关系，把无任何联系、相互独立的量纲作为基本量纲，可以由基本量纲导出的量纲就是导出量纲。

为了应用方便，并同国际单位制相一致，普遍采用 $[M]$、$[L]$、$[T]$、$[\Theta]$ 基本量纲系，即选取质量 $[M]$、长度 $[L]$、时间 $[T]$ 和温度 $[\Theta]$ 为基本量纲。工程单位制普遍采用力 $[F]$、长度 $[L]$、时间 $[T]$、温度 $[\Theta]$ 基本量纲系。

对于不可压缩流体运动，则选取 $[M]$、$[L]$、$[T]$ 三个基本量纲，其他物理量量纲均为导出量纲。例如：速度 $[v]=[L][T]^{-1}$；加速度 $[a]=[L][T]^{-2}$，力 $[F]=[M][L][T]^{-2}$，动力黏度 $[\mu]=[M][L]^{-1}[T]^{-1}$。综合以上各量纲式，不难看出，某一物理量 q 的量纲 $[q]$ 都可用三个基本量纲的指数乘积形式表示，即：

$$[q]=[M]^{\alpha}[L]^{\beta}[T]^{\gamma} \tag{6-1}$$

式（6-1）称为量纲公式。物理量 q 的性质由量纲指数 α、β、γ 决定。若量纲公式中各量纲指数均为零，即 $\alpha=\beta=\gamma=0$，则 $[q]=[M]^0[L]^0[T]^0=1$，该物理量是无量纲量，也就是常数；当 $\alpha=0$，$\beta\neq0$，$\gamma=0$ 时，q 为几何量；当 $\alpha=0$，$\beta\neq0$，$\gamma\neq0$ 时，q 为运动学量；当 $\alpha\neq0$，$\beta\neq0$，$\gamma\neq0$ 时，q 为动力学量。

6.1.2 无量纲量

无量纲量可由两个具有相同量纲的物理量相比得到，如线应变 $\varepsilon=\Delta l/l$，$[\varepsilon]=[L]/[L]=1$。也可由几个有量纲物理量乘除组合，使组合量的量纲指数为零得到，例如有压管流的雷诺数，由断面平均流速 v、管道半径 R，流体运动黏度 ν 组合为：

$$[Re]=\left[\frac{vR}{\nu}\right]=\frac{([L][T]^{-1})[L]}{[L]^2[T]^{-1}}=1$$

依据无量纲数的定义和构成，可归纳出无量纲量具有以下特点：

（1）客观性。正如前面所述，凡有量纲的物理量都有单位。同一物理量，因选取的度量单位不同，数值也不同。如果用有量纲量作为过程的自变量，计算出的因变量数值将随自变量选取单位的不同而不同。因此，要使运动方程式的计算结果不受人主观选取单位的影响，就需要把方程中各项物理量组合成无量纲项。从这个意义上说，真正客观的方程式应是由无量纲项组成的方程式。

（2）不受运动规律的影响。既然无量纲量是常数，数值大小与度量单位无关，也就不受运动规律的影响。规模大小不同的流体，如两者是相似的流动，则相应的无量纲数相同。在模型实验中，常用同一个无量纲数（如雷诺数 Re 等）作为模型和原型流动是否相似的判据。

（3）可进行超越函数运算。由于有量纲量只能作简单的代数运算，作对数、指数、三角函数等超越函数的运算是没有意义的。只有无量纲化才能进行超越函数运算，如气体等温压缩计算式为：

$$W = p_1 V_1 \ln\left(\frac{V_2}{V_1}\right)$$

其中压缩后与压缩前的体积比 V_2/V_1 变成无量纲项，才能进行对数运算。

6.1.3 量纲和谐原理

量纲和谐原理是量纲分析的基础原理，即凡正确反映客观规律的物理方程，其各项的量纲一定是一致的。这是被无数事实证实了的客观原理，例如黏性流体运动微分方程式在 x 方向的公式为：$X - \frac{1}{\rho}\frac{\partial p}{\partial x} + \nu\ \nabla^2 u_x = \frac{\partial u_x}{\partial t} + u_x\frac{\partial u_x}{\partial x} + u_y\frac{\partial u_x}{\partial y} + u_z\frac{\partial u_x}{\partial z}$，式中各项的量纲一致，都是 $[L][T]^{-2}$。又如黏性流体总流的伯努利方程式为：$z_1 + \frac{p_1}{\rho g} + \frac{\alpha_1 v_1^2}{2g} = z_2 + \frac{p_2}{\rho g} + \frac{\alpha_2 v_2^2}{2g} + h_w$，式中各项的量纲均为 $[L]$。凡正确反映客观规律的物理方程，量纲之间的关系均如此。但在工程界至今还有一些由实验和观测资料整理成的经验公式，不满足量纲和谐原理（即经验公式）。这种情况表明，人们对这一部分流动的认识尚不充分。这样的公式将逐步被修正或被正确完整的公式（即理论公式）所代替。由量纲和谐原理可引申出以下两点：

（1）凡正确反映客观规律的物理方程，一定能表示成由无量纲项组成的无量纲方程。因为方程中各项的量纲相同，因此只需用其中的一项除遍各项，便得到一个由无量纲项组成的无量纲方程，且仍保持原方程的性质。

（2）量纲和谐原理规定了一个物理过程中有关物理量之间的关系。因为一个正确完整的物理方程中各物理量量纲之间的联系是确定的，按物理量量纲之间的这一确定性，就可建立该物理过程中各物理量之间的关系式。量纲分析法就是根据这一原理发展起来的，它是 20 世纪初在力学上的重要发现之一。

6.2 量纲分析方法

在量纲和谐原理基础上发展起来的量纲分析法有两种：一种称瑞利法，用于比较简单的问题；另一种称布金汗 π 定理，是一种具有普遍性的方法。

6.2.1 瑞利法

瑞利法的基本原理是某一物理过程同几个物理量有关，即 $f\ (q_1, q_2, q_3, \cdots, q_n) = 0$，其中的某个物理量 q_i 可表示为其他物理量的指数乘积，即 $q_i = K q_1^a q_2^b \cdots q_{n-1}^p$，写出量纲式为：$[q_i] = [q_1]^a\ [q_2]^b \cdots [q_{n-1}]^p$。将量纲式中各物理量的量纲按式（6-1）表示为基本量纲的指数乘积形式，并根据量纲和谐原理，确定指数 a、b、$\cdots$、p，就可得出表达该物理过程的方程式。

6.2.2 π 定理

π 定理是量纲分析更为普遍的原理，由美国物理学家布金汗提出。π 定理指出，若某一物理过程包含 n 个物理量，即：

$$f(q_1, q_2, \cdots, q_n) = 0$$

其中有 m 个基本量（量纲独立，不能相互导出的物理量），则该物理过程可由 n 个物理量构成的 $(n-m)$ 个无量纲项所表达的关系式来描述，即：

$$F(\pi_1, \pi_2, \cdots, \pi_{n-m}) = 0$$

由于无量纲项用 π 表示，π 定理由此得名，π 定理可用数学方法证明。π 定理的应用步骤如下：

（1）找出物理过程有关的物理量：$f(q_1, q_2, \cdots, q_n) = 0$。

（2）从 n 个物理量中选取 m 个基本量，对于不可压缩流体运动，一般取 $m = 3$。设 q_1、q_2、q_3 为所选基本量，由量纲公式（6-1）得到：$[q_1] = [M]^{\alpha_1} [L]^{\beta_1} [T]^{\gamma_1}$；$[q_2] = [M]^{\alpha_2} [L]^{\beta_2} [T]^{\gamma_2}$；$[q_3] = [M]^{\alpha_3} [L]^{\beta_3} [T]^{\gamma_3}$。满足基本量量纲独立的条件是量纲式中的指数行列式不等于零，即：$\begin{vmatrix} \alpha_1 & \beta_1 & \gamma_1 \\ \alpha_2 & \beta_2 & \gamma_2 \\ \alpha_3 & \beta_3 & \gamma_3 \end{vmatrix} \neq 0$。对于不可压缩流体运动，通常选取速度 v-q_1、密度 ρ-q_2、特征长度 l-q_3 为基本量。

（3）基本量依次与其余物理量组成 π 项，即：

$$\pi_1 = \frac{q_4}{q_1^{a_1} q_2^{b_1} q_3^{c_1}}; \quad \pi_2 = \frac{q_5}{q_1^{a_2} q_2^{b_2} q_3^{c_2}}; \quad \cdots; \quad \pi_{n-3} = \frac{q_n}{q_1^{a_{n-3}} q_2^{b_{n-3}} q_3^{c_{n-3}}}$$

（4）满足 π 为无量纲项，定出各 π 项基本量的指数 a、b、c。

（5）整理方程式。

量纲分析方法的理论基础是量纲和谐原理，即凡正确反映客观规律的物理方程，量纲一定是和谐的。

量纲和谐原理是判别经验公式是否完善的基础。20 世纪，在量纲分析原理未发现之前，流体力学中积累了不少经验公式，每一个经验公式都有一定的实验根据，都可用于一定条件下流动现象的描述。量纲分析方法可以从量纲理论角度对经验公式作出判别和权衡，使其中的一些公式从纯经验的范围内解脱出来。

应用量纲分析方法得到的物理方程式是否符合客观规律，与所选入的物理量是否正确有关。而量纲分析方法本身对有关物理量的选取不能提供任何指导和启示，可能由于遗漏某一个具有决定性意义的物理量，导致建立的方程式失误，也可能因选取了没有决定性意义的物理量，造成方程中出现冗余的量纲量，这种局限性是方法本身所决定的。作为研究量纲分析方法的前驱者之一的瑞利，在分析流体通过恒温固体的热传导问题时，就曾遗漏流体动力黏度 μ 的影响，而导出一个不全面的物理方程式。要弥补量纲分析方法的局限性，就需要已有的理论分析和实验成果，并依靠研究者的经验和对流动现象的观察认识能力。

量纲分析为组织实施实验研究以及整理实验数据提供了科学的方法，可以说量纲分析方法是沟通流体力学理论和实验之间的桥梁。

6.3　相似理论基础

现代许多工程问题，由于流动情况十分复杂，无法直接应用基本方程式求解，而依赖于实验研究。大多数工程实验是在模型上进行的。所谓模型通常是指与原型（工程实物）有同样的运动规律，各运动参数存在固定比例关系的缩小物，可通过模型实验，把研究结果换算为原型流动，进而预测在原型流动中将要发生的现象。要保持模型和原型有同样的流动规律，关键要使模型和原型有相似的流动，只有这样的模型才是有效的模型，实验研究才有意义。相似理论就是研究相似现象之间的联系的理论，是模型试验的理论基础。

6.3.1　相似条件

（1）几何相似：所有的线性尺寸对应成比例，所有夹角对应相等。

$$\begin{cases} \dfrac{l_1}{l_{2m}} = \dfrac{r_2}{r_{2m}} = \dfrac{D_1}{D_{1m}} = \lambda_L \\ \alpha_1 = \alpha_{1m}, \ \beta_2 = \beta_{2m} \end{cases}$$

（2）运动相似：所有的对应点处同名速度比值相等，方向相同。

$$\begin{cases} \dfrac{u_1}{u_{1m}} = \dfrac{v_2}{v_{2m}} = \lambda_v = \lambda_l \lambda_t^{-1} \\ \dfrac{a_1}{a_{1m}} = \lambda_a = \lambda_l \lambda_t^{-2} \end{cases}$$

（3）动力相似：所有的对应点处所受的同名力比值相等，方向相同。

$$\begin{cases} \dfrac{F_1}{F_{2m}} = \dfrac{P_2}{P_{2m}} = \dfrac{T_1}{T_{1m}} = \dfrac{I_2}{I_{2m}} = \lambda_I = \lambda_\rho \lambda_l^2 \lambda_u^2 \\ \alpha_2 = \alpha_{2m}, \ \beta_1 = \beta_{1m} \end{cases}$$

（4）边界条件相同：所有的对应点处边界条件相同，即两个流动相应的边界性质相同，若原型中是固体壁面，模型中的相应部分也是固体壁面；若原型中是自由液面，模型中的相应部分也是自由液面。在有的书籍中，将边界条件归于几何条件相似。

$$\begin{cases} \dfrac{u_{10}}{u_{10\mathrm{m}}} = \dfrac{v_{20}}{v_{20\mathrm{m}}} = \lambda_v = \lambda_l \lambda_t^{-1} \\ \alpha_{10} = \alpha_{10\mathrm{m}}, \ \beta_{20} = \beta_{20\mathrm{m}} \end{cases}$$

（5）初始条件相似：对于非恒定流，所有的对应点处在开始以及整个过程中的流动相似。边界条件和初始条件相似是保证流动相似的充分条件，而对于恒定流动则无需初始条件相似，这样流体力学相似的涵义就简述为几何相似、运动相似、动力相似三方面。

以上就是力学相似的涵义，表明凡力学相似的运动，必是几何相似、运动相似、动力相似的运动。

6.3.2　相似准则

牛顿数的表达式如下：

$$Ne = \frac{F}{\rho l^2 u^2}; \ Ne = Ne_{\mathrm{m}}$$

上式说明了相似的涵义，它实际上是力学相似的结果，重要的问题是如何来实现原型和模型流动的力学相似。

首先要满足几何相似，否则两个流动不存在相应点，当然也就无相似可言，可以说几何相似是力学相似的前提条件，其次才是实现动力相似。要使两个流动动力相似，前面定义的各项比尺须符合一定的约束关系，这种约束关系称为相似准则。

根据动力相似的流动，相应点上的力多边形相似，相应边（即同名力）成比例，推导各单项力的相似准则。

6.3.2.1　雷诺准则

$$\frac{I}{T} = \frac{I_{\mathrm{m}}}{T_{\mathrm{m}}}$$

鉴于上式表示两个流动相应点上惯性力与单项作用力（如黏滞力）的对比关系，而不是计算力的绝对量，所以式中的力可用运动的特征量表示，则：黏滞力 $T = \mu A \dfrac{\mathrm{d}u}{\mathrm{d}y} = \mu l v$ ；惯性力 $I = \rho l^2 v^2$ 。代入上式整理，得：$\dfrac{vl}{\nu} = \dfrac{v_{\mathrm{m}} l_{\mathrm{m}}}{\nu_{\mathrm{m}}}$ ，即 $Re = Re_{\mathrm{m}}$ 。无量纲数 $Re = \dfrac{vl}{\nu}$ 称为雷诺数。雷诺数表示惯性力与黏滞力之比，两流动相应的雷诺数相等，黏滞力相似。

6.3.2.2　弗劳德准则

$$\frac{I}{G} = \frac{I_{\mathrm{m}}}{G_{\mathrm{m}}}$$

将重力 $G = \gamma l^3$ 及惯性力 $I = \rho l^2 v^2$ 代入上式整理，得：$\dfrac{v^2}{gl} = \dfrac{v_m^2}{g_m l_m}$，开方得 $\dfrac{v}{\sqrt{gl}} = $

$\dfrac{v_m}{\sqrt{g_m l_m}}$，即 $Fr = Fr_m$。

无量纲数 $Fr = \dfrac{v}{\sqrt{gl}}$，称为弗劳德数。弗劳德数表征惯性力与重力之比，两流动相应的弗劳德数相等，重力相似。

6.3.2.3 欧拉准则

$$\frac{P}{I} = \frac{P_m}{I_m}$$

将压力 $P = p l^2$ 及惯性力 $I = \rho l^2 v^2$ 代入上式整理，得：$\dfrac{p}{\rho v^2} = \dfrac{p_m}{\rho_m v_m^2}$，即 $Eu = $

Eu_m。无量纲数 $Eu = \dfrac{p}{\rho v^2}$ 称为欧拉数。欧拉数表征压力与惯性力之比，两流动相应的欧拉数相等，压力相似。在多数流动中，对流动起作用的是压强差 Δp，而不是压强的绝对值，欧拉数中常以相应点的压强差 Δp 代替压强，即 $Eu = \dfrac{\Delta p}{\rho v^2}$。

6.3.2.4 柯西准则

当流动受弹性力作用时，$\dfrac{I}{E} = \dfrac{I_m}{E_m}$，式中弹性力 $E = K l^2$，K 为流体的体积模量；惯性力 $I = \rho l^2 v^2$。代入上式整理，得：$\dfrac{\rho v^2}{K} = \dfrac{\rho_m v_m^2}{K_m}$，即 $Ca = Ca_m$。无量纲数 $Ca = \dfrac{\rho v^2}{K}$ 称为柯西数。柯西数表征惯性力与弹性力之比，两流动相应的柯西数相等，弹性力相似。柯西准则用于水击现象的研究。可压缩气流流速接近或超过声速时，弹性力成为影响流动的主要因素，实现流动相似需相应的马赫数相等。

两个相似流动相应点上的封闭力多边形是相似形。若决定流动的作用力是黏滞力、重力和压力，则只要其中两个同名作用力和惯性力成比例，另一个对应的同名力也将成比例。由于压力通常是待求量，这样只要黏滞力、重力相似，压力将自行相似。换而言之，当雷诺准则、弗劳德准则成立，欧拉准则可自行成立。所以又将雷诺准则、弗劳德准则称为定性准则，欧拉准则称为导出准则。

流体的运动是边界条件和作用力决定的，当两个流动一旦实现了几何相似和动力相似，就必然以相同的规律运动。由此得出结论，几何相似与定性准则成立是实现流体力学相似的充分和必要条件。

6.3.2.5 表面张力相似准则

例如毛细管中的水流起主要作用的力是表面张力。表面张力 $S = \sigma L$，σ 为单位长度的表面张力。如作用力主要是表面张力，则 $F = S = \sigma L$，于是 $\lambda_F = \lambda_{S\sigma} = \lambda_\sigma \lambda_L$，代入 $\dfrac{\lambda_F}{\lambda_\rho \lambda_L{}^2 \lambda_v{}^2} = 1$，可得：

$$\frac{\lambda_\rho \lambda_L \lambda_v{}^2}{\lambda_\sigma} = 1 \text{ 或写作 } \frac{\rho L v^2}{\sigma} = \frac{\rho_m L_m v_m{}^2}{\sigma_m}$$

式中等号两边的无量纲数称为韦伯数，用 We 表示，上式也可写作 $We = We_m$。由此可知，要使两个流动的表面张力作用相似，则它们的韦伯数必须相等，这称为表面张力相似准则，也称韦伯准则。

6.3.2.6 惯性力相似准则

在非恒定流中由于在给定位置上的水力要素是随时间而变化的，因此在非恒定流中当地惯性力往往起主要作用。由当地加速度 $\dfrac{\partial v}{\partial t}$ 所引起的惯性力为 $I = m\dfrac{\partial v}{\partial t} = \rho V \dfrac{\partial v}{\partial t}$。

因此，$\lambda_F = \lambda_I = \lambda_\rho \lambda_L^3 \lambda_v \lambda_t^{-1}$，代入 $\dfrac{\lambda_F}{\lambda_\rho \lambda_L^2 \lambda_v^2} = 1$ 可得：

$$\frac{\lambda_v \lambda_t}{\lambda_L} = 1 \text{ 或写作 } \frac{vt}{L} = \frac{v_m t_m}{L_m}$$

式中等号两边的无量纲数称为斯特劳哈尔数，用 Sr 表示，上式也可写作 $Sr = Sr_m$。

由此可知，要使两个流动的当地惯性力作用相似，则它们的斯特劳哈尔数必须相等，这称为惯性力相似准则，也称为斯特劳哈尔准则。

思 考 题

1. 两恒定流流动相似应满足哪些条件？
2. 牛顿相似准则说明了什么相似？
3. 欧拉数与韦伯数的物理意义是什么？
4. 为什么每个相似准则都要表征惯性力？
5. 量纲分析有何作用？
6. 经验公式是否满足量纲和谐原理？
7. 小型船只所受的主要作用力为重力、摩擦阻力和表面张力，为了同时满足这三种物理力的相似，流体的密度、表面张力和黏度之间应满足什么样的比例关系式？

7 热量传输的基本概念和基本规律

热量传输的基本概念和基本规律相对容易，但几乎在每个工程技术部门中都会遇到传热问题，所以热量传输的学习也是重要的。

7.1 热量传输的基本概念

由于热量传递是在物质系统内部或其与环境之间能量分布不平衡条件下发生的无序的能量迁移过程，而这种能量不平衡特征对于不可压缩系统而言，可以用物质系统的温度来表征。于是就有"凡是有温差的地方就有热量传递"的通俗说法。因此，研究系统中温度随时间和空间的变化规律对于研究传热问题十分重要。按照物理上的说法，物质系统内各个点上温度的集合称为温度场，它是时间和空间坐标的函数，记为 $t=f(x, y, z, \tau)$，式中，t 为温度；x、y、z 为空间坐标；τ 为时间坐标。如果温度场不随时间变化，即为稳态温度场，于是有 $t=f(x, y, z)$；当稳态温度场仅在一个空间方向上变化时为一维温度场，即 $t=f(x)$；稳态导热过程具有稳态温度场，而非稳态导热过程具有非稳态温度场。

7.1.1 热量传递的基本方式

传热传质学研究由温度差异引起的能量传递过程，包括有相变现象、物理化学或化学反应以及因组分浓度差异而发生物质迁移时的传热过程。传热是普遍的自然现象之一，在现代工程设计和工艺过程中，经常遇到各种各样的实际传热问题。传热当然也包括热量传递的同时出现能量形式之间转化的更复杂的过程。因此，广义的传热学可被看作是"能量传递学"，传热传质学不仅与能源资源的勘测开发和节约利用密切相关，还在材料的制备与加工、航天技术的发展、信息器件的温控、生物技术、医学、环境净化与生态维护以及农业工程化、军备现代化等不同领域中有所涉及。几乎所有工程领域都会遇到特定条件下的传热问题。特别是当今高技术的迅猛发展，正面临着温度场、速度场、浓度场、电磁场、光场、声场、化学势场等各种场相互耦合下的热量传递过程和温度控制问题。使传热传质学迅速发展为当今技术科学中了解各种热物理现象和创新相应技术的重要基础学科。自然界存在三种基本的热量传递方式：热传导、热对流、热辐射。在各种不同的场合下，这三种方式可能单独存在，也可能产生不同的组合形式。

7.1.1.1　热传导

A　定义和特征

当物体内部存在温度差（也就是物体内部能量分布不均匀）时，在物体内部没有宏观位移的情况下，热量会从物体的高温部分传到低温部分；此外，不同温度的物体互相接触时，热量也会在相互没有物质转移的情况下，从高温物体传递到低温物体。这种热量传递的方式被称为热传导或简称为导热。因此，当物体各部分之间不发生相对位移时，借助于分子、原子及自由电子等微观粒子的热运动而实现的热量传递过程称为导热。

导热过程的特点有两个：（1）导热过程总是发生在两个互相接触的物体之间或同一物体中温度不同的两部分之间；（2）导热过程中物体各部分之间不发生宏观的相对位移。

B　导热机理

在导热过程中，物体各部分之间不发生宏观位移，而从物质的微观结构对导热过程加以描述与计算是比较复杂的。从微观角度看，气体、液体、导电固体和非导电固体的导热机理是不同的。气体中，导热是气体分子不规则热运动并相互碰撞的结果。众所周知，气体的温度越高，分子的运动动能越大，不同能量水平的分子相互碰撞，使能量从高温处传向低温处。

导电固体中有相当多的自由电子，它们在晶格之间像气体分子那样运动，自由电子的运动在导电固体的导热中起主要作用。非导电固体中，导热通过晶格结构的振动，即原子、分子在其平衡位置附近的振动来实现。液体的导热机理十分复杂，有待于进一步的研究。

C　傅里叶公式

对于导热这种热量传递的方式的研究可以追溯到 19 世纪初期毕欧早期所做的研究工作。他在对大量的平板导热实验的数据分析中得出如下的结论，即通过垂直于平板方向上的热流量正比于平板两侧的温度差和平板面积的大小，而反比于平板的厚度，可归纳为如下数学关系：

$$Q = \lambda A \frac{t_1 - t_2}{\Delta x}$$

式中，Q 为热流量；A 为导热面积；$t_1 - t_2$ 为大平板两表面之间的温差；λ 为相应的比例系数，称为平板材料的导热系数（或热传导率），表示物体导热能力大小的物理量。

上式也可表示为如下形式：

$$q = \lambda \frac{t_1 - t_2}{\Delta x}$$

式中，q 为单位面积上的热流量，又称热流密度。

1822 年，法国数学家傅里叶将毕欧的热传导关系归纳为：

$$q = -\lambda \frac{\partial t}{\partial n}$$

该式称为傅里叶定律。式中，$\partial t / \partial n$ 为温度梯度，负号表示热流密度的方向与温度梯度的方向相反，即热量传递的方向与温度升高的方向相反。各种物质的导热系数数值均由实验确定。各类物质的导热系数数值的大致范围及随温度变化的情况如图 7-1 所示。

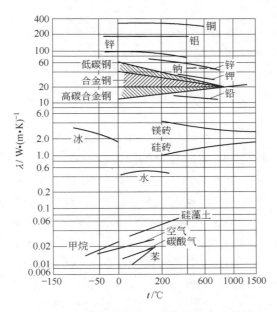

图 7-1　各种物质导热系数数值的大致范围

7.1.1.2　热对流与对流换热

流体中温度不同的各部分流体之间，由于发生相对运动而把热量由一处带到另一处的热现象称为热对流，这是一种借助于流体宏观位移而实现的热量传递过程。宏观位移是大量分子集体运动或者说流体微团运动的结果，这时不仅有宏观运动，还有随机运动，即微观运动。所以实际上流体在进行热对流的同时热量的传导过程也同时发生。因此，发生在流动介质中的热量传递是热传导与热对流的综合过程。工程上还经常遇到流体与温度不同的固体壁面接触时的热量交换的情况，这种热量的传递过程称为对流换热。由于单一的热对流是不存在的，因而传热学中讨论的对流问题主要是对流换热过程。

对流换热（见图 7-2）按照不同的原因可分为多种类型。按照是否相变可分为有相变的对流换热和无相变的对流换热；按照流动原因可分为强迫对流换热和自然对流换热；按照流动状态可分为层流和紊流。其中强迫对流换热是由外因造成的，例如风机、水泵或大自然中的风。自然对流换热是由于温度差造成密度差，产生浮升力，热流体向上运动，冷流体填充空位，形成的往复过程。例如无风天气，一条晒热的路面与环境的散热；而有风时，强迫换热占主导。

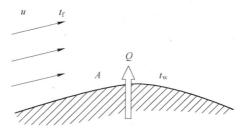

图 7-2 对流换热过程示意图

1701 年，牛顿首先提出了计算对流换热热流量的基本关系式，常称为牛顿冷却定律，其形式为：

$$Q = \alpha A(t_w - t_f) = \alpha A \Delta t$$

式中，t_w 为物体表面的温度；t_f 为流体的温度；$\Delta t = t_w - t_f$，这里认为 $t_w > t_f$，人为约定 Δt 取正值；α 为一个定义的系数，称为对流换热系数或表面传热系数，单位为 $W/(m \cdot ℃)$，它是一个反映对流换热过程强弱的物理量。

由于对流换热是一个复杂的热量交换过程，影响因素很多，如：引起流动的原因（自然或强迫流动）；流体流动的状态（层流或紊流）；流体的物理性质（密度、比热容等）；流体的相变（沸腾或冷凝）；换热边界的几何因素（形状、大小及相对位置等）。显然，单凭牛顿冷却定律是不可能描述或反映这些复杂因素对换热过程的影响，而只是把这些因素都集中到对流换热系数 α 之中。因此，针对各种对流换热问题求解对流换热系数 α 则是分析和研究对流换热问题的主要任务。

就换热方式而言，自然对流换热系数最小（空气为 $1 \sim 10W/(m \cdot ℃)$，水为 $200 \sim 1000W/(m \cdot ℃)$），有相变时最大（$10^3 \sim 10^4$ 量级），强迫对流居中；就介质而言，水比空气强烈。

7.1.1.3 热辐射

物质的微观离子（分子、原子和电子等）的运动会以光的形式向外辐射能量，称为电磁辐射。电磁辐射的波长范围很广，从长达数百米的无线电波到小于 10^{-14} m 的宇宙射线。这些射线不仅产生的原因各不相同，而且性质也各异，由此也构成了围绕辐射过程的广泛的科学和技术领域。物体通过电磁波来传递热量的方式称为热辐射。凡是温度高于 0K 的物体都有向外发射热射线的能力。热辐射的波长大多集中在红外线区，在可见光区所占比重不大。物体的温度越高，辐射能力越强；温度相同，但物体的性质和表面状况不同，辐射能力也不同。

热辐射是热量传递的基本方式之一。与热传导和热对流不同，热辐射是通过电磁波（或光子流）的方式传播能量的过程，它不需要物体之间的直接接触，也不需要任何中间介质。当两个物体被真空隔开时，导热和对流均不会发生，只发生热辐射。太阳将大量的热量传给地球，就是靠热辐射的作用。

热辐射的另一个特点是：它不仅产生能量的转移，而且还伴随着能量的转换，即发射时从热能转化为辐射能，吸收时又从辐射能转化为热能。

一个理想的辐射和吸收能量的物体被称为黑体。黑体的辐射和吸收能力在同温度物体中是最大的。黑体向周围空间发射出去的辐射能由下式给出：

$$Q = A\sigma_0 T^4$$

式中，Q 为黑体发射的辐射能；A 为物体的辐射表面积；σ_0 为斯忒藩-玻耳兹曼常数，$\sigma_0 = 5.67 \times 10^{-8} \, \text{W}/(\text{m}^2 \cdot \text{K}^4)$；$T$ 为绝对温度。该式称为斯忒藩-玻耳兹曼定律，它是从热力学理论导出并由实验证实的黑体辐射规律，又称为辐射四次方定律，是计算热辐射的基础。一切实际物体的辐射能力都小于同温度下黑体的辐射能力。实际物体发射的辐射能可以用辐射四次方定律的经验修正来计算，即 $Q = \varepsilon A\sigma T^4$，式中，$\varepsilon$ 为该物体的发射率（又称黑度），其值小于 1。一个物体的发射率与物体的温度、种类及表面状态有关。物体的 ε 值越大，则表明它越接近理想的黑体。

自然界中的所有物体都在不断地向周围空间发射辐射能，与此同时，又在不断地吸收来自周围空间其他物体的辐射能，两者之间的差额就是物体之间的辐射换热量。物体表面之间以辐射方式进行的热交换过程称为辐射换热。对于两个相距很近的黑体表面，由于一个表面发射出来的能量几乎完全落到另一个表面上，如图 7-3 所示，那么它们之间的辐射换热量为：

$$Q = A\sigma_0(T_1^4 - T_2^4)$$

当 $T_1 = T_2$ 时，也就是物体和周围环境处于热平衡时，辐射换热量等于零，但此时是动态平衡，辐射和吸收仍在不断进行。此时物体的温度保持不变。

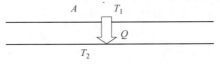

图 7-3　两平行黑平板间的辐射

温度不随时间变化的换热过程称为稳态过程；而温度随时间改变的换热过程称为非稳态过程。

7.1.2　传热过程与热阻

工业生产中所遇到的许多实际热交换过程常常是热介质将热量传给换热面，

然后由换热面传给冷介质。这种热量由热流体通过间壁传给冷流体的过程称为传热过程。传热过程中由热流体传给冷流体的热量通常表示为:

$$Q = kA\Delta t$$

式中,Δt 为热流体与冷流体间的平均温差;k 为传热系数,W/(m²·℃)。

在数值上,传热系数等于冷、热流体间温差 Δt 为1℃、传热面积 A 为1m² 时的热流量值,是一个表征传热过程强烈程度的物理量。传热过程越强,传热系数越大,反之则越弱。

以图7-4所示的墙壁为例:屋内热空气的热量通过墙壁和保温层传递给屋外冷空气,这个过程就属于传热过程。若屋内空气温度为 t_{f_1},屋外的空气温度为 t_{f_2},传热温差 $\Delta t = t_{f_1} - t_{f_2}$。若屋内对流和辐射总换热系数为 α_1,屋外侧的对流换热系数为 α_2,墙壁、保温层的厚度分别为 δ_1 和 δ_2,墙壁、保温层的导热系数分别为 λ_1 和 λ_2,则有:

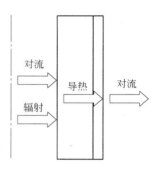

图7-4 墙壁传热图

从热流体 t_{f_1} 到 t_{w_1},$Q = A\alpha_1(t_{f_1} - t_{w_1})$,则 $t_{f_1} - t_{w_1} = \dfrac{Q}{A\alpha_1}$

t_{w_1} 到 t_{w_2},$Q = A\lambda_1(t_{w_1} - t_{w_2})/\delta_1$,则 $t_{w_1} - t_{w_2} = \dfrac{Q}{\dfrac{A\lambda_1}{\delta_1}}$

t_{w_2} 到 t_{w_3},$Q = A\lambda_2(t_{w_2} - t_{w_3})/\delta_2$,则 $t_{w_2} - t_{w_3} = \dfrac{Q}{\dfrac{A\lambda_2}{\delta_2}}$

t_{w_3} 到冷流体 t_{f_2},$Q = A\alpha_2(t_{w_3} - t_{f_2})$,则 $t_{w_3} - t_{f_2} = \dfrac{Q}{A\alpha_2}$

相加整理可得 $Q = \dfrac{t_{f_1} - t_{f_2}}{\dfrac{1}{A_1\alpha_1} + \dfrac{\delta_1}{A_1\lambda_1} + \dfrac{\delta_2}{A_2\lambda_2} + \dfrac{1}{A_2\alpha_2}} = \dfrac{\Delta t}{\dfrac{1}{Ak}}$

将上式表示成热阻的形式,有 $Q = \dfrac{\Delta t}{R_1 + R_2 + R_3 + R_4} = \dfrac{\Delta t}{R_t}$,式中,$R_i$($i = 1$,2,3,4)为传热过程的各个分热阻,℃/W;$R_t$ 为传热过程的总热阻。该式相当于电学中的欧姆定律(电流=电压/电阻,即 $I = \Delta U/R$),且式中总热阻和分热阻的关系也具有电学中串联电路的电阻叠加特性,总电阻等于各串联分电阻之和,如图7-5所示。

热阻是传热学的基本概念之一。用热阻的概念分析各种传热现象,不仅可使

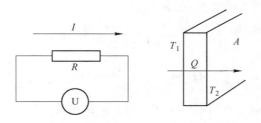

图 7-5 导热现象的比拟

问题的物理概念更加清晰，而且推导和计算起来也简便。对于某一传热问题，如果要增强传热，就应设法减少所有热阻中最大的那个热阻；若要减弱传热，就应该加大所有热阻中最小的那个热阻，或者再增加额外的热阻，即增加保温层。

7.2　热量传输的基本方程

在温度场里取微元控制体，如图 7-6 所示。

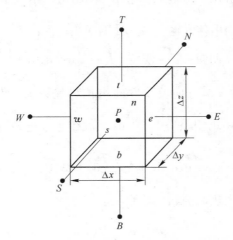

图 7-6　微分单元体各面上进出流量示意图

在 $\mathrm{d}t$ 时间内：

（1）w 界面流体速度为 U，流体温度为 T；

（2）$\mathrm{d}t$ 时间内流入微元体的流体质量为 $\mathrm{d}m_1 = \rho u \mathrm{d}y \mathrm{d}z$；

（3）$\mathrm{d}t$ 时间内带入微元体的热量为 $\rho u T C \mathrm{d}y \mathrm{d}z$；

（4）e 界面流体速度为 $u + \dfrac{\partial u}{\partial x}\mathrm{d}x$，流体温度为 $T + \dfrac{\partial T}{\partial x}\mathrm{d}x$；

（5）$\mathrm{d}t$ 时间内流出微元体的流体质量为 $\mathrm{d}m_2 = \rho \left[u + \dfrac{\partial u}{\partial x}\mathrm{d}x \right] \mathrm{d}y \mathrm{d}z$；

（6）dt 时间内带出微元体的热量为：

$$\rho \left[u + \frac{\partial u}{\partial x}\mathrm{d}x \right] \left[T + \frac{\partial T}{\partial x}\mathrm{d}x \right] C\mathrm{d}y\mathrm{d}z =$$

$$\rho uTC\mathrm{d}y\mathrm{d}z + \rho \frac{\partial u}{\partial x}TC\mathrm{d}x\mathrm{d}y\mathrm{d}z + \rho u \frac{\partial T}{\partial x}C\mathrm{d}x\mathrm{d}y\mathrm{d}z + \rho C \frac{\partial u}{\partial x}\mathrm{d}x \frac{\partial T}{\partial x}\mathrm{d}x\mathrm{d}y\mathrm{d}z$$

（7）如果不考虑 x 方向速度变化，略去高阶微量，则 e 界面带出微元体的热量为：

$$\rho uTC\mathrm{d}y\mathrm{d}z + \rho u \frac{\partial T}{\partial x}C\mathrm{d}x\mathrm{d}y\mathrm{d}z$$

dt 时间内在 x 方向流入六面体的净热流量为 $-\rho uC \frac{\partial T}{\partial x}\mathrm{d}x\mathrm{d}y\mathrm{d}z$。

同理，y 方向为 $-\rho vC \frac{\partial T}{\partial y}\mathrm{d}x\mathrm{d}y\mathrm{d}z$；$z$ 方向为 $-\rho wC \frac{\partial T}{\partial z}\mathrm{d}x\mathrm{d}y\mathrm{d}z$。

所以通过对流流入六面的总净热流量为：

$$Q_{\mathrm{conv}} = -\rho uC \frac{\partial T}{\partial x}\mathrm{d}x\mathrm{d}y\mathrm{d}z - \rho vC \frac{\partial T}{\partial y}\mathrm{d}x\mathrm{d}y\mathrm{d}z - \rho wC \frac{\partial T}{\partial z}\mathrm{d}x\mathrm{d}y\mathrm{d}z \qquad (7\text{-}1)$$

dt 时间内在 x 方向由传导输入微元体的净热量为：

$$Q_{\mathrm{cond},x} = -\lambda \frac{\partial T}{\partial x}\mathrm{d}x\mathrm{d}y\mathrm{d}z - \left[-\lambda \frac{\partial}{\partial x}\left(T + \frac{\partial T}{\partial x}\mathrm{d}x \right)\mathrm{d}x\mathrm{d}y\mathrm{d}z \right] = \lambda \frac{\partial^2 T}{\partial x^2}\mathrm{d}x\mathrm{d}y\mathrm{d}z$$

同理可得 dt 时间内 y 方向及 z 方向由传导输入微元体的净热量 $Q_{\mathrm{cond},y}$ 及 $Q_{\mathrm{cond},z}$ 分别为 $\lambda \frac{\partial^2 T}{\partial y^2}\mathrm{d}x\mathrm{d}y\mathrm{d}z$ 和 $\lambda \frac{\partial^2 T}{\partial z^2}\mathrm{d}x\mathrm{d}y\mathrm{d}z$。故传导带进的热量总和为：

$$Q_{\mathrm{cond}} = \lambda \frac{\partial^2 T}{\partial x^2}\mathrm{d}x\mathrm{d}y\mathrm{d}z + \lambda \frac{\partial^2 T}{\partial y^2}\mathrm{d}x\mathrm{d}y\mathrm{d}z + \lambda \frac{\partial^2 T}{\partial z^2}\mathrm{d}x\mathrm{d}y\mathrm{d}z \qquad (7\text{-}2)$$

dt 时间内微元体内热能的累积量 Q 为：

$$Q = \rho c \frac{\partial T}{\partial t}\mathrm{d}x\mathrm{d}y\mathrm{d}z \qquad (7\text{-}3)$$

由式（7-1）~式（7-3）可得：

$$\lambda \left[\frac{\partial^2 T}{\partial x^2} + \frac{\partial^2 T}{\partial y^2} + \frac{\partial^2 T}{\partial z^2} \right]\mathrm{d}x\mathrm{d}y\mathrm{d}z - \left[\rho uC \frac{\partial T}{\partial x}\mathrm{d}x\mathrm{d}y\mathrm{d}z + \rho vC \frac{\partial T}{\partial y}\mathrm{d}x\mathrm{d}y\mathrm{d}z + \rho wC \frac{\partial T}{\partial z}\mathrm{d}x\mathrm{d}y\mathrm{d}z \right]$$

$$= \frac{\partial T}{\partial t}\rho C\mathrm{d}x\mathrm{d}y\mathrm{d}z$$

即

$$\lambda \left[\frac{\partial^2 T}{\partial x^2} + \frac{\partial^2 T}{\partial y^2} + \frac{\partial^2 T}{\partial z^2} \right] = \frac{\partial T}{\partial t}\rho + \left[\rho u \frac{\partial T}{\partial x} + \rho v \frac{\partial T}{\partial y} + \rho w \frac{\partial T}{\partial z} \right]$$

若考虑摩擦、内热源等，则需对该方程进行适当修改。

思 考 题

1. 试用简练的语言说明导热、对流换热及辐射换热三种热传递方式之间的联系和区别。

2. 用铝制的水壶烧开水时，尽管炉火很旺，但水壶仍然安然无恙，而一旦壶内的水烧干后，水壶很快就烧坏。试从传热学的观点分析这一现象。

3. 什么是串联热阻叠加原理，它在什么前提下成立？

4. 以固体中的导热为例，试讨论有哪些情况可能使热量传递方向上不同截面的热流量不相等。

5. 试分析室内暖气片的散热过程，各环节有哪些热量传递方式？以暖气片管内走热水为例。

6. 冬季晴朗的夜晚，测得室外空气温度高于 0℃，但有人却发现地面上结有一层薄冰，试解释其原因（若不考虑水表面的蒸发）。

7. 试举出 3 个隔热保温的措施，并用传热学理论阐明其原理。

8. 解释为什么许多高效隔热材料都采用蜂窝状多孔性结构和多层隔热屏结构。

8 热量传输基本规律的应用1——导热

本章可以认为是热量传输基本规律的应用之一，模型转化仍是学习的重点。"三传"类比中，热量传输和动量传输的类比基础为傅里叶定律和牛顿内摩擦定律的相同形式。

8.1 稳 态 导 热

导热是由微观分子的热运动引起的热量从高温区向低温区或者在温度不同的物体间传递的过程。该过程在固体、液体、气体中都能发生，但在流体中，在发生导热的同时，由于有温差的存在必然伴随有自然对流传热现象，故只有在密实的固体中才能发生单纯的导热。研究导热问题的目的就是要确定不同情况下物体内的温度分布及热通量和热流量的分布。

8.1.1 平壁一维稳态导热

研究导热问题，首先是通过导热微分方程确定导热物体内部的温度分布，然后根据傅里叶定律确定导热速率，即热通量和热流量。工程实践中存在大量稳态导热问题，如工程热设备的正常工作过程均可认为是稳态导热问题，而且有些问题在一定条件下可以简化为一维问题。无限大平板（壁）、无限大圆筒壁、球体等是典型的一维问题，即长度和高度远大于其厚度（一般是10倍以上），此时温度仅沿厚度方向变化，沿长度和高度方向的变化可以忽略不计，如加热炉、冷藏设备等的外壁面。

8.1.1.1 第 I 类边界条件

A 单层平壁

设有一厚度为 s 的无限大平壁，如图8-1所示。已知平壁两个表面分别维持均匀稳定的温度 T_{w_1}、T_{w_2}，假定导热系数为常数，且无内热源。试确定平壁内的温度分布和通过平壁的导热热通量。

该问题为一维且无内热源的稳态导热问题，其定解问题可以写成：

$$\frac{\mathrm{d}^2 T}{\mathrm{d}x^2} = 0$$

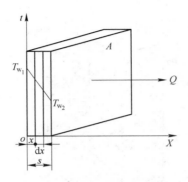

图 8-1　单层平壁在第 I 类边界条件下的稳态导热

$$T\big|_{x=0} = T_{w_1}$$
$$T\big|_{x=s} = T_{w_2}$$

对微分方程式连续积分两次，得其通解为 $T = C_1 x + C_2$。因为 $T_{w_1} = C_2$，$T_{w_2} = C_1 s + C_2$，可求得 $C_1 = \dfrac{T_{w_2} - T_{w_1}}{s}$，$C_2 = T_{w_1}$，故平壁内温度分布为 $T = T_{w_1} - \dfrac{T_{w_1} - T_{w_2}}{s} x$，该式即为平壁一维稳态导热问题的温度场的表达式，温度呈线性分布，说明平壁内的温度分布图像是一条直线，斜率为常量，即 $\dfrac{dT}{dx} = -\dfrac{T_{w_1} - T_{w_2}}{s}$。代入傅里叶定律，得 $q = \dfrac{\lambda(T_{w_1} - T_{w_2})}{s} = \dfrac{\lambda}{s}\Delta T$。若平壁的侧表面积为 F，则热流量为 $Q = qF = \dfrac{\lambda(T_{w_1} - T_{w_2})}{sF} = \dfrac{\lambda}{sF}\Delta T$。这两式就是平壁导热的计算公式，它揭示了 q、λ、s 和 ΔT 四个物理量间的内在关系。同时从公式可以看出，在沿导热方向的任意截面上，热流量 Q 和热通量 q 处处为一个常数，与传热方向 x 无关，这是平壁一维稳态导热的一个很重要的结论。

　　B　多层平壁

　　工程中许多平壁并不是由单一的材料组成的，而是由多种材料组成的复合平壁，如工业炉中的炉墙就是由耐火砖、绝热砖、金属护板等不同的材料组成的多层平壁。在由两种以上材料组成的复合导热系统中，热量传递的复杂程度与多种材料界面的接触情况密切相关。如图 8-2 所示，由三层材料组成的无限大平壁，为了研究方便，假定各个层面接触良好，即界面上两边温度相等，传递的热量也相等，各层的温度、厚度及导热系数如图 8-2 所示，并且已知 n 层平壁两个外侧面的温度分别为 T_{w_1} 和 $T_{w_{n+1}}$。试确定通过多层平壁的热通量以及各层界面温度。

　　由单层平壁热通量公式可知每层平壁传递的热通量分别为 $q_1 =$

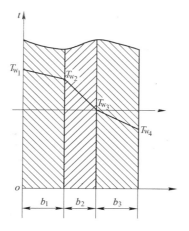

图8-2　多层平壁稳态导热示意图

$$\lambda_1 \frac{T_{w_1} - T_{w_2}}{s_1}, \quad q_2 = \lambda_2 \frac{T_{w_2} - T_{w_3}}{s_2}, \quad q_3 = \lambda_3 \frac{T_{w_3} - T_{w_4}}{s_3} \text{。}$$

由于稳态导热，各层传递的热通量相等，即 $q_1 = q_2 = q_3 = q$。将上式写成下列

形式：$q \dfrac{s_1}{\lambda_1} = T_{w_1} - T_{w_2}$，$q \dfrac{s_2}{\lambda_2} = T_{w_2} - T_{w_3}$，$q \dfrac{s_3}{\lambda_3} = T_{w_3} - T_{w_4}$。相加可得：

$$q = \frac{T_{w_1} - T_{w_4}}{\dfrac{s_1}{\lambda_1} + \dfrac{s_2}{\lambda_2} + \dfrac{s_3}{\lambda_3}} = \frac{T_{w_1} - T_{w_4}}{\displaystyle\sum_{i=1}^{3} \frac{s_i}{\lambda_i}}$$

式中分母部分为整个平壁单位面积的总热阻。可知多层平壁的一维稳态导热的热通量取决于总温差和总热阻的相对大小，而总热阻为各层热阻之和，这与串联电路中总电阻等于各部分电阻之和的规律完全相同。其模拟电路图（热路图）如图 8-3 所示。

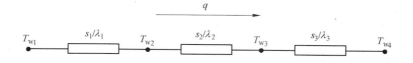

图8-3　多层平壁稳态导热模拟电路图

利用热阻的概念可以分析复杂平板的导热问题。根据以上分析，借用比较熟悉的串联、并联电路电阻的计算公式来计算导热过程的总热阻。将串联电阻叠加得到总电阻的原则应用到串联导热热阻的计算上，从而可以方便地导出多层平壁的导热公式。对于 n 层平壁的导热，热通量计算公式为：

$$q = \frac{T_{w_1} - T_{w_{n+1}}}{\displaystyle\sum_{i=1}^{n} \frac{s_i}{\lambda_i}}$$

解得热通量后，层与层界面处温度可利用 $T_{w_{i+1}} = T_{w_1} - q \displaystyle\sum_{j=1}^{i} \frac{s_j}{\lambda_j}$ 计算。通过以上计算式可知，多层平壁稳态导热时，各层导热系数为常数时，每一层内温度分布均呈直线，但由于各层材料不同，其导热系数不同，温度变化率也不相同，所以整个多层平壁内部温度分布是多段折线。各层内温度分布直线斜率不一样，由于稳态导热时各热通量都相等，因此各段直线的斜率仅取决于各层材料的导热系数，即 λ 值大的段内温度线斜率小，温度线平坦；反之，λ 值小的斜率大，温度线陡。另一方面，从热阻的概念出发，多层平壁稳态导热时，热阻大的环节对应的降温幅度也大；热阻小的环节对应降温幅度就小。这一结论对分析传热问题，以及为强化传热所采取的改进措施的分析很有用。

对于稳态无内热源导热，计算多层平壁导热通量时，如果各层材料导热系数为变量，就应代入各层的平均导热系数。但确定各层的平均导热系数时又需要知道各层的界面温度。此时，仅用上式计算是不够的，可采用逐步逼近的计算法，这是一种迭代法。

迭代法的具体步骤为：（1）根据经验假定一个界面温度，查出此温度下的导热系数值；（2）据已知条件，求出 q 或 Q 的值；（3）根据单层平壁的公式反算出界面温度；（4）比较两个界面温度的大小，若相差不大（相对误差小于4%）说明假定正确，否则以算出的温度作为第 2 次计算的假定值，重复计算至符合要求为止。

8.1.1.2　第Ⅲ类边界条件

现在讨论第Ⅲ类边界条件（对流边界，已知介质的温度及换热系数）下，单层平壁的一维稳态导热。设有一常物性无限大平壁，无内热源，平壁的两侧与周围的介质进行对流传热，如图8-4所示。两侧流体的温度分别为 T_{f_1} 和 T_{f_2}，流体与壁面的对流传热系数分别为 α_1 和 α_2，平壁厚度为 s，导热系数为 λ 且为常数。

定解问题可以写成：

$$\frac{\mathrm{d}^2 T}{\mathrm{d}x^2} = 0$$

$$-\lambda \frac{\mathrm{d}T}{\mathrm{d}x}\bigg|_{x=0} = \alpha_1(T_{f_1} - T)$$

$$-\lambda \frac{\mathrm{d}T}{\mathrm{d}x}\bigg|_{x=s} = \alpha_2(T - T_{f_2})$$

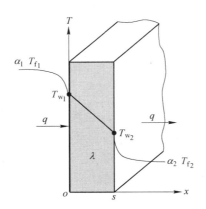

图 8-4　第Ⅲ类边界条件下单层平壁一维稳态导热示意图

积分可得 $T = C_1 x + C_2$，$\dfrac{\mathrm{d}T}{\mathrm{d}x} = C_1$。

当 $x = 0$ 时　　　　　　　$-\lambda C_1 = \alpha_1(T_{f_1} - C_2)$

当 $x = s$ 时　　　　　　　$-\lambda C_1 = \alpha_2(C_1 s + C_2 - T_{f_2})$

解方程组可得　　$C_1 = \dfrac{T_{f_2} - T_{f_1}}{\lambda\left(\dfrac{1}{\alpha_1} + \dfrac{s}{\lambda} + \dfrac{1}{\alpha_2}\right)}$，$C_2 = T_{f_1} + \dfrac{T_{f_2} - T_{f_1}}{\alpha_1\left(\dfrac{1}{\alpha_1} + \dfrac{s}{\lambda} + \dfrac{1}{\alpha_2}\right)}$

平壁内温度分布为　　　　　$T = \left(\dfrac{1}{\alpha} + \dfrac{x}{\lambda}\right)\dfrac{T_{f_2} - T_{f_1}}{\dfrac{1}{\alpha_1} + \dfrac{s}{\lambda} + \dfrac{1}{\alpha_2}} + T_{f_1}$

上式表明，平壁在第Ⅲ类边界条件下壁内的温度也是 x 的线性函数。平壁的热通量为：

$$q = -\lambda\dfrac{\mathrm{d}T}{\mathrm{d}x} = -\lambda C_1 = \dfrac{T_{f_1} - T_{f_2}}{\dfrac{1}{\alpha_1} + \dfrac{s}{\lambda} + \dfrac{1}{\alpha_2}}$$

平壁两侧温度为：

$$T_{w_1} = T_{f_1} + \dfrac{q}{\alpha_1} \qquad T_{w_2} = T_{w_1} + \dfrac{q}{\lambda}s$$

式中，$\dfrac{1}{\alpha_1} + \dfrac{s}{\lambda} + \dfrac{1}{\alpha_2}$ 表示单位面积平壁的总热阻，其中 $\dfrac{1}{\alpha_1}$ 和 $\dfrac{1}{\alpha_2}$ 是平壁两侧面与流体之间的单位面积的对流换热热阻，$\dfrac{s}{\lambda}$ 是单位面积的导热热阻。整个热量传输过程可以看成是对流换热—导热—对流换热 3 部分的串联，其模拟电路如图 8-5 所示。

如果平壁是由 n 层不同的材料组成的多层平壁，按照热阻串联的概念，可直接得到多层平壁在第Ⅲ类边界条件下的稳态导热热通量的计算式为：

$$q = \frac{T_{f_1} - T_{f_2}}{\dfrac{1}{\alpha_1} + \sum_{i=1}^{n} \dfrac{s_i}{\lambda_i} + \dfrac{1}{\alpha_2}}$$

层与层界面处温度可利用下式计算：

$$T_{w_1} = T_{f_1} - \frac{q}{\alpha_1}; \; T_{w_{i+1}} = T_{w_1} - q\sum_{j=1}^{i} \frac{s_j}{\lambda_j}$$

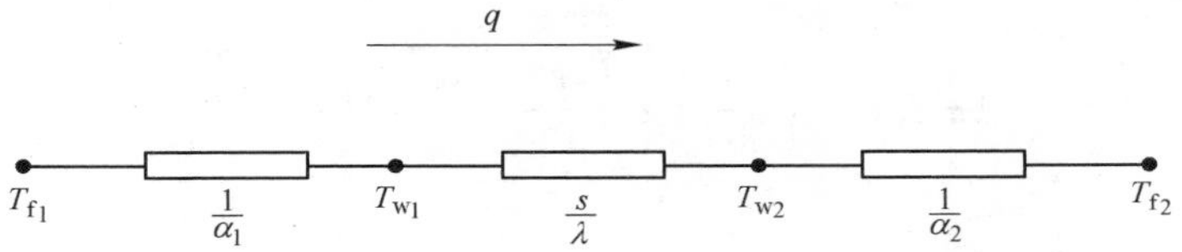

图 8-5　单层平壁第Ⅲ类边界条件下一维稳态导热模拟电路图

8.1.2　圆筒壁一维稳态导热

通过圆筒壁的传热同样是工程中常见的问题，如冶金工业中通过热风管道、蒸汽管道管壁在稳定工况时的导热均属这种情况。此类问题属于柱坐标问题，一般当管的长度远大于管的外径（通常 $L/d \gg 10$）时，温度沿管长和圆周方向不发生变化，仅沿管的径向发生变化，即 $T = T(r)$，等温面都是同心圆柱面，此时的导热过程即可认为是一维导热问题。

8.1.2.1　第Ⅰ类边界条件

A　单层圆筒壁

对于无内热源，长度为 L，内外半径分别为 r_1 和 r_2 的圆筒壁，圆筒内外壁温度分别为 T_{w_1} 和 T_{w_2}。试确定当圆筒传热稳定后的温度、热流量和热通量分布。

定解问题可以写成：

$$\frac{\mathrm{d}}{\mathrm{d}r}\left(r\frac{\mathrm{d}T}{\mathrm{d}r}\right) = 0$$

$$T\big|_{r=r_1} = T_{w_1}$$

$$T\big|_{r=r_2} = T_{w_2}$$

积分可得　　　　　　　　$T = C_1 \ln r + C_2$

代入边界条件可得　　　　$T_{w_1} = C_1 \ln r_1 + C_2$，$T_{w_2} = C_1 \ln r_2 + C_2$

解方程组可得　　　　　　$C_1 = \dfrac{T_{w_2} - T_{w_1}}{\ln\dfrac{r_2}{r_1}}$，$C_2 = \dfrac{T_{w_1}\ln r_2 - T_{w_2}\ln r_1}{\ln\dfrac{r_2}{r_1}}$

圆筒壁内的温度分布为

$$T = \frac{T_{w_2} - T_{w_1}}{\ln \frac{r_2}{r_1}} \ln r + \frac{T_{w_1} \ln r_2 - T_{w_2} \ln r_1}{\ln \frac{r_2}{r_1}} = T_{w_1} - \frac{T_{w_1} - T_{w_2}}{\ln \frac{r_2}{r_1}} \ln \frac{r}{r_1}$$

热通量为

$$q = -\lambda \frac{dT}{dr} = \lambda \frac{T_{w_1} - T_{w_2}}{\ln \frac{r_2}{r_1}} \cdot \frac{1}{r}$$

可以看出，对于圆筒壁一维稳态导热，热通量与半径成反比，而不再是常量，即：热流量为

$$Q = q \cdot 2\pi r L = -\lambda \frac{dT}{dr} = \lambda \frac{T_{w_1} - T_{w_2}}{\ln \frac{r_2}{r_1}} \cdot 2\pi L = \frac{T_{w_1} - T_{w_2}}{\frac{1}{2\pi L \lambda} \ln \frac{r_2}{r_1}}$$

通过单位长度圆筒壁的热流量为：

$$Q_L = \frac{Q}{L} = \frac{T_{w_1} - T_{w_2}}{\frac{1}{2\pi \lambda} \ln \frac{r_2}{r_1}}$$

B   多层圆筒壁

对于由 n 层不同材料组成的多层圆筒壁一维稳态导热问题，通过圆筒壁的热流量为：

$$Q = \frac{T_{w_1} - T_{w_{n+1}}}{\sum_{i=1}^{n} \frac{1}{2\pi L \lambda_i} \ln \frac{r_{i+1}}{r_i}}$$

通过单位长度圆筒壁的热流量为：

$$Q_L = \frac{T_{w_1} - T_{w_{n+1}}}{\sum_{i=1}^{n} \frac{1}{2\pi \lambda_i} \ln \frac{r_{i+1}}{r_i}}$$

可以看出，通过圆筒壁的热流量和单位长度的热流量都是常量。第 i 层和第 $i+1$ 层接触面的温度为：

$$T_{w_{i+1}} = T_{w_1} - Q_L \sum_{j=1}^{i} \frac{1}{2\pi \lambda_j} \ln \frac{r_{j+1}}{r_j}$$

8.1.2.2   第Ⅲ类边界条件

圆筒壁的内外层半径分别为 r_1 和 r_2，长度为 L（长度远大于外径），无内热源，导热系数为常数。圆筒壁内侧的流体温度为 T_{f_1}，与壁面间的对流换热系数为 α_1；外侧的流体温度为 T_{f_2}，与壁面间的对流换热系数为 α_2，如图 8-6 所示。

试确定圆筒壁内的温度分布、热通量和热流量。

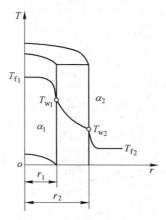

图 8-6 单层圆筒壁导热示意图

该问题可看作无限长圆筒壁，在无内热源、常物性、对流换热边界条件下的一维稳态导热问题，其定解问题可以写成：

$$\frac{\mathrm{d}}{\mathrm{d}r}\left(r\frac{\mathrm{d}T}{\mathrm{d}r}\right) = 0$$

$$-\lambda\frac{\mathrm{d}T}{\mathrm{d}r}\bigg|_{r=r_1} = \alpha_1(T_{f_1} - T)$$

$$-\lambda\frac{\mathrm{d}T}{\mathrm{d}r}\bigg|_{r=r_2} = \alpha_2(T - T_{f_2})$$

积分可得：
$$T = C_1\ln r + C_2$$

代入边界条件可得：

$$-\lambda\frac{C_1}{r_1} = \alpha_1(T_{f_1} - C_1\ln r_1 - C_2), \quad -\lambda\frac{C_1}{r_2} = \alpha_2(C_1\ln r_2 + C_2 - T_{f_2})$$

解方程组可得：

$$C_1 = \frac{T_{f_2} - T_{f_1}}{\dfrac{\lambda}{\alpha_1 r_1} + \ln\dfrac{r_2}{r_1} + \dfrac{\lambda}{\alpha_2 r_2}}, \quad C_2 = T_{f_1} + \left(\frac{\lambda}{\alpha_1 r_1} - \ln r_1\right)\frac{T_{f_2} - T_{f_1}}{\dfrac{\lambda}{\alpha_1 r_1} + \ln\dfrac{r_2}{r_1} + \dfrac{\lambda}{\alpha_2 r_2}}$$

圆筒壁内的温度分布为：

$$T = \frac{T_{f_2} - T_{f_1}}{\dfrac{\lambda}{\alpha_1 r_1} + \dfrac{\lambda}{\alpha_2 r_2} + \ln\dfrac{r_2}{r_1}}\ln r + T_{f_1} + \left(\frac{\lambda}{\alpha_1 r_1} - \ln r_1\right)\frac{T_{f_2} - T_{f_1}}{\dfrac{\lambda}{\alpha_1 r_1} + \ln\dfrac{r_2}{r_1} + \dfrac{\lambda}{\alpha_2 r_2}}$$

$$= T_{f_1} + \frac{T_{f_2} - T_{f_1}}{\dfrac{\lambda}{\alpha_1 r_1} + \ln \dfrac{r_2}{r_1} + \dfrac{\lambda}{\alpha_2 r_2}} \left(\frac{\lambda}{\alpha_1 r_1} + \ln \frac{r}{r_1} \right)$$

热通量和热流量为：

$$q = -\lambda \frac{dT}{dr} = \frac{T_{f_1} - T_{f_2}}{\dfrac{1}{\alpha_1 r_1} + \dfrac{1}{\alpha_2 r_2} + \dfrac{1}{\lambda} \ln \dfrac{r_2}{r_1}} \cdot \frac{1}{r}$$

$$Q = qF = q \cdot 2\pi r L = \frac{T_{f_1} - T_{f_2}}{\dfrac{1}{2\pi \alpha_1 r_1 L} + \dfrac{1}{2\pi \lambda L} \ln \dfrac{r_2}{r_1} + \dfrac{1}{2\pi \alpha_2 r_2 L}}$$

$$= \frac{T_{f_1} - T_{f_2}}{\dfrac{1}{\alpha_1 \pi d_1 L} + \dfrac{1}{2\pi L \lambda} \ln \dfrac{d_2}{d_1} + \dfrac{1}{\alpha_2 \pi d_2 L}}$$

式中，$\dfrac{1}{\alpha_1 \pi d_1 L}$、$\dfrac{1}{\alpha_2 \pi d_2 L}$ 分别为圆筒内侧和外侧的对流换热热阻；$\dfrac{1}{2\pi L \lambda} \ln \dfrac{d_2}{d_1}$ 为圆筒壁导热热阻。

通过单位长度圆筒壁的热流量为：

$$Q_L = \frac{Q}{L} = \frac{T_{f_1} - T_{f_2}}{\dfrac{1}{\alpha_1 \pi d_1} + \dfrac{1}{2\pi \lambda} \ln \dfrac{d_2}{d_1} + \dfrac{1}{\alpha_2 \pi d_2}}$$

圆筒壁内外侧温度为：

$$T_{w_1} = T_{f_1} - \frac{Q_L}{\alpha_1 \pi d_1}, \quad T_{w_2} = T_{w_1} - \frac{Q_L}{2\pi \lambda} \ln \frac{r_2}{r_1}$$

通过以上分析可知，该传热过程如图 8-7 所示。

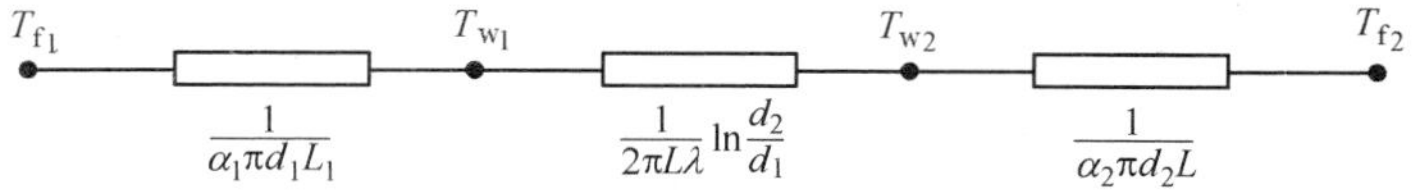

图 8-7　圆筒壁一维稳态导热的热阻分析

如果圆筒壁是由 n 层不同材料组成的多层圆筒壁，与单层相比，总热阻中多了导热热阻，有几层就加几个导热热阻，即：

$$Q_L = \frac{T_{f_1} - T_{f_2}}{\dfrac{1}{\pi \alpha_1 d_1} + \sum_{i=1}^{n} \dfrac{1}{2\pi \lambda_i} \ln \dfrac{d_{i+1}}{d_i} + \dfrac{1}{\pi \alpha_2 d_{n+1}}}$$

圆筒壁各层温度为：

$$T_{w_1} = T_{f_1} - \frac{Q_L}{\pi \alpha_1 d_1}$$

$$T_{w_{i+1}} = T_{w_1} - Q_L \sum_{j=1}^{i} \frac{1}{2\pi \lambda_j} \ln \frac{d_{j+1}}{d_j}$$

8.2 非稳态导热分析解法

8.2.1 一维非稳态导热过程分析

8.2.1.1 无限大平板加热（冷却）过程分析及线算图

有一温度为 t_0 而厚度为 δ 的无限大平板突然放入温度为 t_∞ 的环境中加热，这是一个典型的一维非稳态导热问题，如图 8-8 所示。该问题的导热微分方程式和给定的初始条件、边界条件为：

$$\frac{\partial t}{\partial \tau} = a \frac{\partial^2 t}{\partial x^2}$$

当 $\tau = 0$ 时，$t = t_0$

当 $\tau > 0$ 时，$\begin{cases} \dfrac{\partial t}{\partial x}\bigg|_{x=0} = 0 \\[2mm] \lambda \dfrac{\partial t}{\partial x}\bigg|_{x=\delta} = -\alpha(t - t_\infty) \end{cases}$

$$\frac{\partial \Theta}{\partial Fo} = \frac{\partial^2 \Theta}{\partial X^2}$$

当 $Fo = 0$ 时，$\Theta = \Theta_0 = 1$

当 $Fo > 0$ 时，$\begin{cases} \dfrac{\partial \Theta}{\partial X}\bigg|_{X=0} = 0 \\[2mm] \dfrac{\partial \Theta}{\partial X}\bigg|_{X=1} = -Bi\Theta \end{cases}$

$\dfrac{\partial \Theta}{\partial Fo} = \dfrac{\partial^2 \Theta}{\partial X^2}$ 为无因次形式，式中：

$$\Theta = \frac{\theta}{\theta_0} = \frac{t - t_\infty}{t_0 - t_\infty}, \quad \Theta_0 = \frac{\theta_0}{\theta_0} = 1, \quad Fo = a\tau/\delta^2, \quad Bi = \alpha\delta/\lambda, \quad X = x/\delta \qquad (8\text{-}1)$$

式（8-1）定义的无因次时间 Fo 称为傅里叶准则或傅里叶数，其物理意义表征了给定导热系统的导热性能与其贮热（贮存热能）性能的对比关系，是给定系统的动态特征量（可以参照热扩散系数的物理意义来加以理解）。

采用分离变量法可解出式（8-1）而得到大平板的温度分布，即：

$$\Theta = 2 \sum_{n=1}^{\infty} \mathrm{e}^{-\mu_n^2 Fo} \frac{\sin\mu_n \cos(\mu_n X)}{\mu_n + \sin\mu_n \cos\mu_n}$$

式中，μ_n 是微分方程的特征值，与边界条件密切相关，是 Bi 数的函数。因此，大平板温度分布的一般函数表达式为 $\Theta = f(Bi, Fo, X)$。由于级数形式的解计算起来比较复杂，工程上常采用计算线图来解决非稳态导热的计算问题。

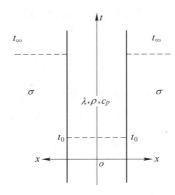

图 8-8　无限大平板加热（冷却）过程分析示意图

8.2.1.2　半无限大固体的非稳态导热过程

半无限大系统指的是一个半无限大的空间，也就是一个从其表面可以向其深度方向无限延展的物体系统。对于导热问题而言就是一个半无限大的固体系统，只有一个外边界面，而沿着此面法线方向向内延伸则是无限大的。由于作用于物体表面的热流是逐步向物体内部传递的，温度的变化也是逐步向物体内部延伸的，因而很多实际的物体在加热或冷却过程的初期都可以视为是一个半无限大固体的非稳态导热过程。所以，利用半无限大的概念可以给非稳态导热过程的求解带来方便，如图 8-9 所示。

图 8-9 给出了一个半无限大固体的导热系统，其初始温度为 t_0，而表面温度突然升高到 t_w，并一直保持着。该问题的导热微分方程式和相应的边界条件如下：

$$\frac{\partial \theta}{\partial \tau} = a \frac{\partial^2 \theta}{\partial x^2}$$

当 $\tau = 0$ 时，$\theta = \theta_0 = 0$

当 $\tau > 0$ 时，$\begin{cases} x = 0, & \theta = \theta_w \\ x \to \infty, & \theta = \theta_0 = 0 \end{cases}$

式中，$\theta = t - t_0$，$\theta_w = t_w - t_0$。

该微分方程的初、边值问题可以用拉普拉斯变换求解，也可以引入相似变量将偏微分方程变换为常微分方程后分析求解，得到的温度分布为：

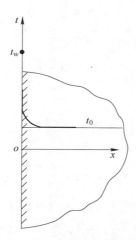

图 8-9 半无限大固体的非稳态导热过程

$$\frac{\theta}{\theta_w} = 1 - \mathrm{erf}\, \frac{x}{2\sqrt{a\tau}}$$

式中的高斯误差函数定义为 $\mathrm{erf}(\eta) = \frac{2}{\sqrt{\pi}} \int_0^\eta \mathrm{e}^{-\eta^2} \mathrm{d}\eta$ ，其中 $\eta = \frac{x}{2\sqrt{a\tau}}$ ，这是针对导热问题而设定的相似参数。高斯误差函数的数值可以通过查表获得，其随 η 的变化关系如图 8-10 所示。

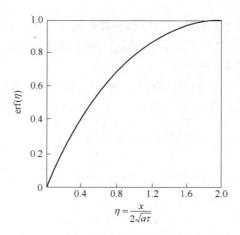

图 8-10 误差函数的数值随 η 的变化关系

由傅里叶定律，任意位置上的热流量为：

$$q_x = -\lambda A\, \frac{\partial t}{\partial x} = \frac{\lambda A \theta_w}{\sqrt{\pi a \tau}} \mathrm{e}^{-x^2/(4a\tau)}$$

显然，边界表面上的热流量为 $q_w = \dfrac{\lambda A \theta_w}{\sqrt{\pi a \tau}}$。当半无限大固体的边界条件变为第 Ⅲ

类边界条件时，即当 $x = 0$ 时，$\lambda \dfrac{\partial \theta}{\partial x} = \alpha(\theta - \theta_\infty)$，式中，$\theta = t - t_0$；$\theta_\infty = t_\infty - t_0$。

此时微分方程的解为：

$$\frac{\theta}{\theta_\infty} = 1 - \mathrm{erf}\left(\frac{x}{2\sqrt{a\tau}}\right) - \exp\left(\frac{\alpha x}{\lambda} + \frac{\alpha^2 a \tau}{\lambda^2}\right)\left[1 - \mathrm{erf}\left(\frac{\alpha\sqrt{a\tau}}{\lambda} + \frac{x}{2\sqrt{a\tau}}\right)\right]$$

8.2.2 集总参数系统分析

当物体系统的外热阻远大于它的内热阻（即 $1/\alpha$ 远大于 δ/λ）时，环境与物体表面间的温度变化远大于物体内的温度变化，这就可以认为物体内的温度分布几乎是均匀一致的，此时物体内热阻可以忽略，也就是 $Bi = \alpha\delta/\lambda$ 远小于 1 的导热系统，称为集总参数系统，有时也称为充分搅拌系统或热薄物体系统。应该指出，这都是一个相对的概念，是由系统的内、外热阻的相对大小来决定的，即 Bi 数的大小。同一物体在一种环境下是集总参数系统，而在另一种情况下可能就不是集总参数系统，如金属材料在空气中冷却可视为集总参数系统，而在水中冷却就不是集总参数系统。

当 $Bi \le 0.1$ 时，$\dfrac{\theta_w}{\theta_c} \le 0.95$，这表明物体内部温度分布几乎趋于一致（误差小于 5%），可以近似认为物体是一个集总参数系统。由于温度分布不再是空间坐标的函数，而仅仅是时间坐标的函数，因此这样的物体系统就是一个仅随时间变化的系统。

图 8-11 给出了一个集总参数系统，其体积为 V、表面积为 A、密度为 ρ、比热为 c、初始温度为 t_0，突然放入温度为 t_∞、换热系数为 α 的环境中。在任一时刻系统的热平衡关系为：内热能随时间的变化率 $\dfrac{\mathrm{d}E}{\mathrm{d}t}$ 等于通过表面与外界交换的热流量 Q_c，于是热平衡方程表述为 $-\rho cV\dfrac{\mathrm{d}t}{\mathrm{d}\tau} = \alpha A(t - t_\infty)$；初始条件为 $\tau = 0$，$t = t_0$。引入过余温度 $\theta = t - t_\infty$，方程与初始条件变为 $\dfrac{\mathrm{d}\theta}{\mathrm{d}\tau} = -\dfrac{\alpha A}{\rho cV}\theta$；当 $\tau = 0$ 时，$\theta = \theta_0$。分离变量积分并代入初始条件得出：

$$\ln\frac{\theta}{\theta_0} = -\frac{\alpha A \tau}{\rho cV} \quad \text{或} \quad \frac{\theta}{\theta_0} = \mathrm{e}^{-\frac{\alpha A \tau}{\rho cV}}$$

从上式可见，物体的温度随时间的变化关系是一条负自然指数曲线，或者说无因次温度的对数与时间的关系是一条负斜率直线。可见物体温度随时间的推移逐步

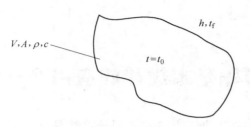

图 8-11　集总系统的能量

趋于环境温度，这是符合物体冷却过程的规律的。对于加热过程，只要过余温度仍然采用上面的定义，方程形式和最后的解都不改变。

　　前面已经指出环境与系统之间的外热阻远大于系统的内热阻时，系统可视为集总参数系统，且以简单几何形状的大平板、长圆柱体以及球体为例，当它们的毕欧数小于 0.1 时，其内部温差小于 5%，近似认为是一个集总参数系统，即：

$$Bi \leqslant 0.1M$$

式中，M 为形状修正系数。对于厚度为 2δ 的大平板，$V/A = \delta$，按 $\dfrac{\alpha\delta}{\lambda} \leqslant 0.1$，$M = 1$；对于直径为 $2r$ 的长圆柱体，$V/A = r_0/2$，按 $\dfrac{\alpha r}{\lambda} \leqslant 0.1$，$M = 0.5$；对于直径为 $2r$ 的球体，$V/A = r_0/3$，按 $\dfrac{\alpha r}{\lambda} \leqslant 0.1$，$M = 1/3$。

思 考 题

1. 冬天，经过在白天太阳底下晒过的棉被，晚上盖起来感到很暖和，并且经过拍打以后，效果更加明显，试解释原因。
2. 用套管温度计测量容器内的流体温度，为了减小测温误差，套管材料选用铜还是不锈钢？
3. 东北地区春季，公路路面常出现"弹簧"、冒泥浆等"翻浆"病害。试简要解释其原因。
4. 如何从分子传递的角度理解"三传"之间存在的共性。
5. 试说明得出导热微分方程所依据的基本定律。
6. 在寒冷的北方地区，建房用砖采用实心砖还是多孔的空心砖好，为什么？

9 热量传输基本规律的应用2——对流换热

对流换热是"三传"类比的典范。对流换热是发生在流体和与之接触的固体壁面之间的热量传递过程。对于牛顿冷却公式：$q = \alpha(t_w - t_f)$（单位：W/m^2），对流换热问题分析的难点是确定 h 的数值。确定的方法有4种：（1）精确解法，质量平衡方程、N-S方程、连续性方程、边界传质微分方程联立求解，适用于简单问题；（2）近似积分法，取控制体建立质量积分方程，求得浓度场的近似关系后，求解积分方程，适用于简单问题；（3）相似理论-模型实验法，是应用最广、最实用的方法，适用于复杂的实际问题；（4）类比法，依据质量传输与动量传输的类似性，在一定程度上有效。

9.1 对流换热概述

影响对流换热的因素很多，但不外乎是影响流动的因素及影响流体中热量传递的因素。这些因素可归纳为以下五个方面：

（1）流体流动的起因。按流体运动的起因不同，对流换热可分为自然对流换热和受迫对流换热。

（2）流体的流动状态。同等条件下，紊流的换热作用比层流好。

（3）流体的热物理性质。流体的热物理性质对于对流换热有较大的影响。流体的热物性参数主要包括：1）导热系数 λ，λ 值大，则流体内的导热热阻小，换热强；2）比热容 c_p 和密度 ρ，ρc_p 大，单位体积流体携带的热量多，热对流传递的热量多；3）黏度 μ，黏度大，阻碍流体流动，不利于热对流，温度对黏度的影响较大；4）体积膨胀系数，在自然对流中起作用。

（4）换热表面几何因素。几何因素包括壁面尺寸；壁面粗糙度；壁面形状，如平板、圆管；壁面与流体的相对位置，如内流或外流。

由以上分析可见，表面传热系数是众多因素的函数，即：$h = f(u, t_w, t_f, \lambda, c_p, \rho, \alpha, \mu, l)$，研究对流换热的目的就是找出上式的具体函数式。

9.2 温度边界层和对流换热微分方程组

当流体流过物体，而平物体表面的温度 t_w 与来流流体的温度 t_f 不相等时，在壁面上方形成的温度发生显著变化的薄层，称为热边界层。当壁面与流体之间的温差（$\theta = t - t_\text{w}$）达到壁面与来流流体之间的温差（$\theta_\text{f} = t_\text{f} - t_\text{w}$）的 0.99 倍时，即 $\theta = 0.99\theta_\text{f}$，此位置就是边界层的外边缘，而该点到壁面之间的距离则是热边界层的厚度，记为 δ_t，δ_t 与 δ 一般不相等，如图 9-1 所示。

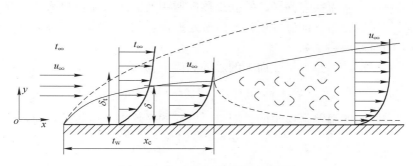

图 9-1　热（温度）边界层示意图

热边界层理论的基本论点为：（1）温度场分为主流区和温度边界层区；（2）温度边界层厚度远小于壁面尺寸，即 $\delta_\text{t} \ll l$，边界层很薄。温度边界层外，$\dfrac{\partial \theta}{\partial y} \approx 0$，可视为等温流动，即主流区传热忽略不计（主流区流体间无热量传递），可转换为对流换热问题，可用热边界层内的微分方程组求解。温度边界层内，$\dfrac{\partial t}{\partial y}$ 随 y 减小而增大，可用能量微分方程描述。

由于黏性作用，壁面上的流体是处于不流动或不滑移的状态，也就是存在一个静止不动的流体薄层。热量将以导热的方式通过这个薄层实现物体和流体之间的热量传递。设壁面 x 处局部热流密度为 q_x（下标表示特定地点的局部值，不同 x 处的热流密度是不同的），根据傅里叶定律：

$$q_x = -\lambda \left(\frac{\partial t}{\partial y} \right)_{\text{w}, x}$$

式中，$\left(\dfrac{\partial t}{\partial y} \right)_{\text{w}, x}$ 为 x 点贴壁处流体的温度梯度；λ 为流体的导热系数。

又从过程的热平衡可知，这些通过壁面流体层传导的热流量最终是以对流的方式传递到流体中去的，根据牛顿冷却公式，假定 $t_\text{w} > t_\text{f}$，则 $q_x = \alpha_x (t_\text{w} - t_\text{f})_x$。式中，$h_x$ 为 x 点处壁面的局部表面传热系数；$(t_\text{w} - t_\text{f})_x$ 为 x 点处壁面温度 $t_{\text{w}, x}$ 与远离壁面处流体温度 t_f 的差。对比可得：

$$h_x = -\frac{\lambda}{(t_\text{w} - t_\text{f})_x} \left(\frac{\partial t}{\partial y} \right)_{\text{w}, x} = -\frac{\lambda}{\Delta t_x} \left(\frac{\partial t}{\partial y} \right)_{\text{w}, x}$$

引入过余温度 θ，即 $\theta = t - t_\text{w}$（以壁面温度为基准），则 $\theta_\text{w} = 0$（壁面处流体的过余

温度），$\theta_f = t_f - t_w$（远离壁面处流体的过余温度），记 $\Delta\theta_x = (\theta_w - \theta_f)_x = (0 - t_f + t_w)_x = (t_w - t_f)_x$，则 $\alpha_x = -\dfrac{\lambda}{\Delta\theta_x}\left(\dfrac{\partial\theta}{\partial y}\right)_{w,x}$。该式称为对流换热微分方程式，它确定了对流换热表面传热系数与流体温度场之间的关系。

要求解一个对流换热问题，并获得该问题中所需的对流换热系数，必须首先获得流场的温度分布，即温度场，然后确定壁面上的温度梯度，最后计算出在参考温差下的对流换热系数。

对于附壁薄层，整个换热面上的总的热流量为：

$$\Phi = \int_A q_x \mathrm{d}A_x = \int_A \alpha_x (t_w - t_f)_x \mathrm{d}A_x$$

若流体与表面间的温差是恒定的，则整个壁面的平均表面传热系数为：

$$\alpha = \frac{\Phi}{(t_w - t_f)A} = \frac{1}{A}\int_A \alpha_x \mathrm{d}A_x$$

对流换热问题的边界条件有两类，即第一类边界条件和第二类边界条件。

对于第一类边界条件，壁面温度 t_w 是已知的，此时需求的是壁面法向的流体温度变化率 $\left(\dfrac{\partial t}{\partial y}\right)_{w,x}$ 或 $\left(\dfrac{\partial\theta}{\partial y}\right)_{w,x}$；对于第二类边界条件，壁面热流密度 q_x 是已知的，相应地 $\left(\dfrac{\partial\theta}{\partial y}\right)_{w,x}$ 是已知的，此时需求的是壁温 $t_{w,x}$。

由于流体的运动影响着流场的温度分布，因而流体的速度分布（速度场）是要同时确定的。一般要通过解对流换热微分方程组来求解对流换热表面传热系数。

对流换热过程是流体中的热量传递过程，涉及流体运动造成的热量的携带和流体分子运动的热量的传导（或扩散）。因此，流体的温度场与流体的流动场（速度场）密切相关。要确立温度场和速度场就必须找出支配方程组，它们应该是从质量守恒定律导出的连续性方程、从动量守恒定律导出的动量微分方程以及从能量守恒定律导出的能量微分方程。从一般意义上讲，推导这些方程应该设定尽量少的限制性条件，但是为了突出方程推导的物理实质而又不失一般性，这里选取二维不可压缩的常物性流体流场来进行微分方程组的推导工作。

（1）连续性方程：

$$\frac{\partial u}{\partial x} + \frac{\partial v}{\partial y} = 0$$

（2）动量微分方程：

在 x 方向上　　　$\rho\left(\dfrac{\partial u}{\partial \tau} + u\dfrac{\partial u}{\partial x} + v\dfrac{\partial u}{\partial y}\right) = X - \dfrac{\partial p}{\partial x} + \mu\left(\dfrac{\partial^2 u}{\partial x^2} + \dfrac{\partial^2 u}{\partial y^2}\right)$

在 y 方向上　　　$\rho\left(\dfrac{\partial v}{\partial \tau} + u\dfrac{\partial v}{\partial x} + v\dfrac{\partial v}{\partial y}\right) = Y - \dfrac{\partial p}{\partial y} + \mu\left(\dfrac{\partial^2 v}{\partial x^2} + \dfrac{\partial^2 v}{\partial y^2}\right)$

（3）能量微分方程：

$$\rho c_p \left(\frac{\partial t}{\partial \tau} + u \frac{\partial t}{\partial x} + v \frac{\partial t}{\partial y} \right) = \lambda \left(\frac{\partial^2 t}{\partial x^2} + \frac{\partial^2 t}{\partial y^2} \right)$$

方程左边三项中，第一项为流体能量随时变化项，另外两项为流体热对流项；方程右边为热传导（热扩散）项。当流体不流动时，流体流速为零，热对流项为零，能量微分方程式便退化为导热微分方程式，即 $\rho c_p \dfrac{\partial t}{\partial \tau} = \lambda \left(\dfrac{\partial^2 t}{\partial x^2} + \dfrac{\partial^2 t}{\partial y^2} \right)$。所以，固体中的热传导过程是介质中传热过程的一个特例。

对于大多数对流换热问题，尤其是流体流动状态从层流转变为紊流之后的换热问题，采用直接求解微分方程的分析方法几乎是不可能的。因此，对流换热问题的求解往往是一件较为复杂的工作。通常分析求解主要针对一些简单问题，如二维的边界层层流流动、库特流动和管内层流流动换热等。

9.3　边界层换热微分方程组的解

9.3.1　数量级分析与边界层微分方程

数量级分析是指通过比较方程式中各项量级的相对大小，把数量级较大的项保留下来，而舍去数量级较小的项，实现方程式的合理简化。本书以各量在其积分区间的积分平均值判断它的量级。

为了说明问题的实质，分析的对象选为稳态二维重力场忽略的受迫对流换热问题。写出各方程并标出各量的量级，即：

$$\frac{\partial u}{\partial x} + \frac{\partial v}{\partial y} = 0$$

量纲为 $\dfrac{1}{1}$，$\dfrac{\delta}{\delta}$。

x 方向上　　　　$\rho \left(u \dfrac{\partial u}{\partial x} + v \dfrac{\partial u}{\partial y} \right) = -\dfrac{\partial p}{\partial x} + \mu \left(\dfrac{\partial^2 u}{\partial x^2} + \dfrac{\partial^2 u}{\partial y^2} \right)$

量纲为 $1 \left[1 \dfrac{1}{1},\ \delta \dfrac{1}{\delta} \right]$，$1$，$\delta^2 \left[\dfrac{1}{1},\ \dfrac{1}{\delta^2} \right]$。

y 方向上　　　　$\rho \left(u \dfrac{\partial v}{\partial x} + v \dfrac{\partial v}{\partial y} \right) = -\dfrac{\partial p}{\partial y} + \mu \left(\dfrac{\partial^2 v}{\partial x^2} + \dfrac{\partial^2 v}{\partial y^2} \right)$

量纲为 $1 \left[1 \dfrac{\delta}{1},\ \delta \dfrac{\delta}{\delta} \right]$，$\delta$，$\delta^2 \left[\dfrac{\delta}{1},\ \dfrac{\delta}{\delta^2} \right]$。

$$\rho c_p \left(u \frac{\partial t}{\partial x} + v \frac{\partial t}{\partial y} \right) = \lambda \left(\frac{\partial^2 t}{\partial x^2} + \frac{\partial^2 t}{\partial y^2} \right)$$

量纲为 $1[1\frac{1}{1},\ \delta\frac{1}{\delta_t}],\ \delta_t^2[\frac{1}{1},\ \frac{1}{\delta_t^2}]$。

这样就得到用边界层概念简化的边界层对流换热微分方程组为：

$$\frac{\partial u}{\partial x} + \frac{\partial v}{\partial y} = 0$$

$$u\frac{\partial u}{\partial x} + v\frac{\partial u}{\partial y} = -\frac{1}{\rho}\frac{\mathrm{d}p}{\mathrm{d}x} + \nu\frac{\partial^2 u}{\partial y^2}$$

$$u\frac{\partial t}{\partial x} + v\frac{\partial t}{\partial y} = a\frac{\partial^2 t}{\partial y^2}$$

9.3.2　外掠平板层流换热边界层微分方程式分析解阐述

常物性流体外掠平板层流边界层换热微分方程组为：

$$\frac{\partial u}{\partial x} + \frac{\partial v}{\partial y} = 0$$

$$u\frac{\partial u}{\partial x} + v\frac{\partial u}{\partial y} = \nu\frac{\partial^2 u}{\partial y^2}$$

$$u\frac{\partial t}{\partial x} + v\frac{\partial t}{\partial y} = a\frac{\partial^2 t}{\partial y^2}$$

$$\alpha_x\Delta t = -\lambda\left(\frac{\partial t}{\partial y}\right)_{\mathrm{w},\ x}$$

解以上方程组得出边界层速度场、温度场，进而求出局部表面传热系数。求解得到如下结论（对于层流）。

（1）边界层厚度 δ 及局部摩擦系数 $C_{\mathrm{f},\ x}$，即：

$$\frac{\delta}{x} = 5.0\,Re_x^{-\frac{1}{2}} \quad 和 \quad C_{\mathrm{f},\ x} = 0.664\,Re_x^{-\frac{1}{2}}$$

这里 $Re_x = \dfrac{u_\infty x}{\nu}$。

（2）常壁温（$t_{\mathrm{w}} = C$（常数））平板局部表面传热系数，即：

$$\alpha_x = 0.332\frac{\lambda}{x}Re_x^{\frac{1}{2}}\cdot Pr^{\frac{1}{3}}$$

写成无量纲准则关联式的形式为：

$$Nu_x = \frac{\alpha_x\cdot x}{\lambda} = 0.332\,Re_x^{\frac{1}{2}}\cdot Pr^{\frac{1}{3}}$$

求解长为 l 的一段平板的平均表面传热系数 α：

$$h = \frac{1}{l}\int_0^l \alpha_x\mathrm{d}x = 2\times 0.332\frac{\lambda}{l}\cdot Re^{\frac{1}{2}}\cdot Pr^{\frac{1}{3}} = 2h_l$$

平均换热系数是 l 处局部换热系数的 2 倍。

所以 $\qquad \alpha = 0.664 \dfrac{\lambda}{l} \cdot Re^{\frac{1}{2}} \cdot Pr^{\frac{1}{3}}$ 或 $\quad Nu = 0.664\, Re^{\frac{1}{2}} \cdot Pr^{\frac{1}{3}}$

式中，$Re = \dfrac{v_\infty l}{\nu}$；$Pr = \dfrac{\nu}{a} = \dfrac{\mu/\rho}{\lambda/\rho c_p} = \dfrac{\mu c_p}{\lambda}$（$Pr$ 为物性准则）；$Nu = \dfrac{\alpha l}{\lambda}$，它反映流体与固体表面之间对流换热的强弱。

定性温度：取边界层平均温度 $t_m = \dfrac{t_f + t_w}{2}$。

（3）$\alpha_x = 0.332 \dfrac{\lambda}{x} Re_x^{\frac{1}{2}} \cdot Pr^{\frac{1}{3}}$，表明流体物性以 $Pr^{\frac{1}{3}}$ 影响换热。

（4）$\dfrac{\delta_t}{\delta} = Pr^{-\frac{1}{3}}$。对于 $Pr = 1$ 的流体，边界层无量纲速度曲线与无量纲温度曲线重合，且 $\delta = \delta_t$；当 $Pr > 1$ 时，$\nu > a$，黏性扩散大于热量扩散，$\delta > \delta_t$，当 $Pr < 1$ 时，$\nu < a$，黏性扩散小于热量扩散，$\delta < \delta_t$。

（5）对流换热表面传热系数可以用有关准则数来表示，这样可以把影响 h 的众多因素用几个准则数来概括，使变量大为减少，如 $Nu = f(Re, Pr)$。这对问题的分析、实验研究及数据整理有普遍指导意义。

9.4　边界层换热积分方程组及求解

描述对流换热的微分方程是建立在微元控制体的质量、动量和能量守恒的基础上的。它们在一定的假设条件下准确地描述了对流换热现象。但也应看到，即使是一个极简单的平板对流换热问题，其微分方程组的求解也是相当困难的。有一种近似的方法是建立和求解边界层中的积分方程。边界层中积分方程是把有限控制体扩展到整个边界层，在这样一个有限控制体上（而不是微元控制体上），满足质量、动量和能量守恒。

把能量守恒定律应用于控制体，可推导出边界层能量积分方程。控制体 x 方向上长为 dx，y 方向上长度大于流动边界层及热边界层厚度，而 z 方向上为单位长度，如图9-2所示。

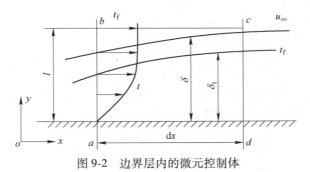

图9-2　边界层内的微元控制体

为简化方程的推导，设定的换热条件为：（1）壁温为t_w，主流温度为t_f，主流速度为u_∞，稳态对流换热从$x=0$处开始；（2）流体为常物性，且$Pr>1$（即$\delta_t<\delta$，工程常用流体满足该条件）；（3）流体无内热源，流速不高，不考虑黏性耗散热。

在边界层数量级分析中已经得出结论，即$\dfrac{\partial^2 t}{\partial x^2} \ll \dfrac{\partial^2 t}{\partial y^2}$，所以推导中仅考虑$y$方向的导热，即$\dfrac{d}{dx}\left(\int_0^{\delta_t}(t_f - t)u dy\right) = a\left(\dfrac{\partial t}{\partial y}\right)_w$，这是常物性流体边界层能量积分方程。

边界层能量积分方程与边界层动量积分方程一起组成对流换热边界层积分方程组。

以稳态、常物性流体外掠常壁温平板层流换热作为讨论对象，为求解边界层能量积分方程，不仅要选定边界层中的速度分布，同时还要选定边界层中的温度分布。选用多项式的边界层温度分布表达式为：$t=a+b \cdot y+c \cdot y^2+d \cdot y^3$。

热边界层中的边界条件为：

（1）$y=0$时，$t=t_w$，$\left(\dfrac{d^2 t}{dy^2}\right)_w = 0$；在$y=0$处，$u=0$，$v=0$，由$u\dfrac{\partial t}{\partial x} + v\dfrac{\partial t}{\partial y} = v\dfrac{\partial^2 t}{\partial y^2}$，得$\left(\dfrac{d^2 t}{dy^2}\right)_w = 0$。

（2）$y=\delta_t$时；$t=t_f$，$\left(\dfrac{dt}{dy}\right)_{\delta_t} = 0$；在$y=\delta$处，$-\lambda\left(\dfrac{dt}{dy}\right)_{\delta_t} = h(t_f - t_f) = 0$。

根据上述边界条件，求得：

$$a = t_w, \quad b = \frac{3}{2} \cdot \frac{t_f - t_w}{\delta_t}, \quad c = 0, \quad d = -\frac{1}{2} \cdot \frac{t_f - t_w}{\delta_t^3}$$

引入过余温度θ，令$\theta=t-t_w$，于是边界层中温度分布表达式为：

$$\frac{\theta}{\theta_f} = \frac{3}{2} \cdot \frac{y}{\delta_t} - \frac{1}{2} \cdot \left(\frac{y}{\delta_t}\right)^3$$

根据上式及边界层中的速度分布情况，求解边界层能量积分方程可得如下结论。

（1）热边界层厚度为：

$$\frac{\delta_t}{\delta} \approx Pr^{-\frac{1}{3}}, \quad \frac{\delta_t}{\delta} = \frac{1}{1.025}Pr^{-\frac{1}{3}}$$

这个结论是在$Pr>1$的前提下得到的，对$Pr>1$的流体才适用。对于空气，尽管$Pr=0.7$，但上式也可以近似适用。但对于液态金属（$Pr\ll1$）和油类（Pr较高）则不适用。进一步理解$Pr=\dfrac{\nu}{a}$的物理意义：ν表示流体分子传递动量的能力，a 表示流体分子传递热量的能力，两者的比值反映了流体的动量传递能力与热量传递能力之比的大小，即 Pr 越大，表示传递动量的能力越大。

（2）局部表面传热系数 α_x 为：

$$\alpha_x = -\frac{\lambda}{t_w - t_f}\left(\frac{dt}{dy}\right)_w = -\frac{\lambda}{t_w - t_f} \cdot \frac{3}{2} \cdot \frac{\theta_f}{\delta_t} = 0.332\,\frac{\lambda}{x} \cdot Re_x^{\frac{1}{2}} \cdot Pr^{\frac{1}{3}}$$

其无量纲表达形式为：$Nu_x = 0.332\,Re_x^{\frac{1}{2}} \cdot Pr^{\frac{1}{3}}$（与微分方程所得的精确解相吻合）。

引入斯坦顿准则：$St_x = \dfrac{Nu_x}{Re_x Pr} = \dfrac{h_x}{\rho c_p u_\infty}$，它是 Nu、Re、Pr 三者的综合准则，则：

$St_x \cdot Pr^{\frac{2}{3}} = 0.332\,Re_x^{-\frac{1}{2}}$。

长为 l 的一段平板的平均表面传热系数 h 为：

$$h = \frac{1}{l}\int_0^l h_x dx = 2h_l = 0.664\,\frac{\lambda}{l} \cdot C\,Re^{\frac{1}{2}} \cdot Pr^{\frac{1}{3}}$$

$$Re = \frac{u_\infty l}{\nu}（特征尺度为平板长度 l）$$

$$Nu = 0.664\,Re^{\frac{1}{2}} \cdot Pr^{\frac{1}{3}} = \frac{hl}{\lambda}$$

$$St \cdot Pr^{\frac{2}{3}} = 0.664\,Re^{-\frac{1}{2}}；\quad St = \frac{Nu}{Re \cdot Pr} = \frac{h}{\rho c_p u_\infty}$$

计算物性参数用的定性温度为边界层平均温度，即 $t_m = \dfrac{t_w + t_f}{2}$。

9.5 动量传递与热量传递的类比

比拟理论：利用两个不同物理现象之间在控制方程方面的类似性，通过测定其中一种现象的规律而获得另一种现象基本关系的方法。

紊流换热比层流换热更困难。紊流流动时，流动阻力系数的实验数据相对地比较容易确定。而热量传递和动量传递具有类比性，类比原理就利用紊流阻力系数来推算紊流换热系数。类比原理适用于层流、紊流以至于分离流。

9.5.1 紊流动量传递和热量传递

紊流传递的机理，除了有和层流一样的分子扩散传递外，还有流体质点脉动带来的动量和热量传递。紊流时，动量传递和热量传递大幅增强依靠的是后一种机理。

脉动传递的动量为 $-\rho v'u'$（单位时间通过垂直于 v' 的单位面积传递的动量）。紊流动量传递的净效果可用脉动传递的动量的时均值表示为 $\tau_t = -\rho\,\overline{v'u'}$。其中，

τ_t 表示紊流切应力，下标"t"表示紊流，也称雷诺应力。

由于脉动值难以确切表达，使用不便，所以通常仿照层流黏滞应力计算式的形式，将紊流黏滞应力与当地时均速度变化率联系起来，表示为：

$$\tau_t = -\rho \,\overline{v'u'} = \rho \varepsilon_m \frac{du}{dy}$$

式中，ε_m 为紊流动量扩散率（或称为紊流黏度），可由实验测定；$\dfrac{du}{dy}$ 为紊流时均速度梯度。

脉动传递的热量为 $\rho c_p v't'$；紊流热量传递的净效果可用该量的时均值表示为 $q_t = \rho c_p \,\overline{v't'}$。为了避免使用脉动值，通常仿照层流导热计算式的形式（$q_l = -\lambda \dfrac{dt}{dy} = -\rho c_p a \dfrac{dt}{dy}$）表示为：

$$q_t = \rho c_p \,\overline{v't'} = -\rho c_p \varepsilon_h \frac{dt}{dy}$$

式中，ε_h 为紊流热扩散率；$\dfrac{dt}{dy}$ 为紊流时均温度梯度。

ε_m 和 ε_h 虽分别与运动黏度 ν 和热扩散率 a 相对应，也具有扩散率的单位 m^2/s，但它们不是流体的物性，它们只反映紊流的性质，与雷诺数、紊流强度以及离壁面的距离有关。

$Pr_t = \dfrac{\varepsilon_m}{\varepsilon_h}$ 称为紊流普朗特准则，它的数值随紊流边界层中的位置有所变化，一般在 $0.9 \sim 1.6$ 之间。当 $Pr_t = 1$ 时，意味着动量和热量的紊流传递相同，无量纲速度场与无量纲温度场重合。

综上所述，紊流总黏滞应力为层流黏滞应力 τ_l 与紊流黏滞应力 τ_t 之和，即：

$$\tau = \tau_l + \tau_t = \rho(\nu + \varepsilon_m)\frac{du}{dy} \tag{9-1}$$

紊流总热流密度为层流导热量 q_l 与紊流传递热量 q_t 之和，即：

$$q = q_l + q_t = -\rho c_p(a + \varepsilon_h)\frac{dt}{dy} \tag{9-2}$$

式（9-1）和式（9-2）是紊流传递过程分析的基本关系式。

9.5.2 雷诺类比

雷诺类比基于两个主要假设，即 $Pr = 1$，$Pr_t = 1$。

9.5.2.1 层流的雷诺类比

对于层流：

$$\varepsilon_{\mathrm{m}} = 0, \quad \varepsilon_{\mathrm{h}} = 0 \Rightarrow \begin{cases} q = q_1 = -\rho c_p a \dfrac{\mathrm{d}t}{\mathrm{d}y} \\[3mm] \tau = \tau_1 = \rho v \dfrac{\mathrm{d}u}{\mathrm{d}y} \end{cases} \xrightarrow[\text{两式相除}]{}$$

$$\frac{q_1}{\tau_1} = -\frac{\lambda}{\mu} \cdot \frac{\mathrm{d}t}{\mathrm{d}u} = -\frac{\lambda}{\mu} \cdot \frac{\mathrm{d}t}{\mathrm{d}u} \cdot \frac{\rho c_p / \mathrm{d}y}{\rho c_p / \mathrm{d}y} = -\frac{\lambda}{\mu c_p} \cdot \frac{\dfrac{\mathrm{d}(\rho c_p t)}{\mathrm{d}y}}{\dfrac{\mathrm{d}(\rho u)}{\mathrm{d}y}} = -\frac{1}{Pr} \cdot \frac{\dfrac{\mathrm{d}(\rho c_p t)}{\mathrm{d}y}}{\dfrac{\mathrm{d}(\rho u)}{\mathrm{d}y}} \quad (9\text{-}3)$$

式中，$\dfrac{\mathrm{d}(\rho c_p t)}{\mathrm{d}y}$ 为热量梯度，决定热量交换的速率；$\dfrac{\mathrm{d}(\rho u)}{\mathrm{d}y}$ 为动量梯度，决定动量交换的速率。

式（9-3）表达了层流热量和动量传递的类比关系。当 $Pr = 1$ 时，式（9-3）可改写为：

$$\frac{q_1}{\tau_1} = -c_p \cdot \frac{\mathrm{d}t}{\mathrm{d}u}$$

9.5.2.2 紊流的雷诺类比

雷诺的分析采用一个很粗糙的一层模型，假定整个流场是由单一的紊流层构成，即认为不存在层流底层（即在雷诺考虑的紊流流场内，紊流传递作用远大于分子扩散作用，$v \ll \varepsilon_{\mathrm{m}}$，$a \ll \varepsilon_{\mathrm{h}}$），则：

$$\begin{cases} \tau = \tau_{\mathrm{t}} = \rho \varepsilon_{\mathrm{m}} \dfrac{\mathrm{d}u}{\mathrm{d}y} \\[3mm] q = q_{\mathrm{t}} = -\rho c_p \varepsilon_{\mathrm{h}} \dfrac{\mathrm{d}t}{\mathrm{d}y} \end{cases} \Rightarrow \frac{q}{\tau} = -c_p \cdot \frac{\varepsilon_{\mathrm{h}}}{\varepsilon_{\mathrm{m}}} \cdot \frac{\mathrm{d}t}{\mathrm{d}u}$$

取 $Pr_{\mathrm{t}} = \dfrac{\varepsilon_{\mathrm{m}}}{\varepsilon_{\mathrm{h}}} = 1$，则有 $\dfrac{q}{\tau} = -c_p \cdot \dfrac{\mathrm{d}t}{\mathrm{d}u}$，这里 t、u 取时均值。该式表达了紊流热量和动量传递的类比关系。

当 $Pr = Pr_{\mathrm{t}} = 1$ 时，层流和紊流的热量与动量的类比关系形式一致。

在一层模型中，认为 $\dfrac{q}{\tau}$ 等于壁面的比值 $\dfrac{q_{\mathrm{w}}}{\tau_{\mathrm{w}}}$，并作常数化处理，则：

$$\frac{q_{\mathrm{w}}}{\tau_{\mathrm{w}}} = -c_p \cdot \frac{\mathrm{d}t}{\mathrm{d}u} \Rightarrow q_{\mathrm{w}} \cdot \mathrm{d}u = -\tau_{\mathrm{w}} \cdot c_p \cdot \mathrm{d}t \Rightarrow \int_0^{u_\infty} q_{\mathrm{w}} \cdot \mathrm{d}u = -\int_{t_{\mathrm{w}}}^{t_{\mathrm{f}}} \tau_{\mathrm{w}} \cdot c_p \cdot \mathrm{d}t \Rightarrow$$

$$q_{\mathrm{w}} \cdot u_\infty = -\tau_{\mathrm{w}} \cdot c_p \cdot (t_{\mathrm{f}} - t_{\mathrm{w}}) \Rightarrow \begin{cases} q_{\mathrm{w}} = -\tau_{\mathrm{w}} \cdot c_p \cdot \dfrac{t_{\mathrm{f}} - t_{\mathrm{w}}}{u_\infty} = \tau_{\mathrm{w}} \cdot c_p \cdot \dfrac{t_{\mathrm{w}} - t_{\mathrm{f}}}{u_\infty} \Rightarrow \\[3mm] q_{\mathrm{w}} = h(t_{\mathrm{w}} - t_{\mathrm{f}}) \end{cases}$$

$$h = \tau_w \cdot c_p \cdot \frac{1}{u_\infty} \Rightarrow \frac{h}{c_p} = \frac{\tau_w}{u_\infty} \xrightarrow{\text{同乘} \frac{1}{\rho u_\infty}} \frac{h}{\rho c_p u_\infty} = \frac{\tau_w}{\rho u_\infty^2} \Rightarrow St = \frac{C_f}{2} \text{（雷诺类比的解）}$$

对于局部传热系数 h_x 和局部摩擦系数 $C_{f,x}$，有：$St_x = \dfrac{C_{f,x}}{2}$。

以上解表达了紊流表面传热系数和摩擦系数间的关系，称为简单雷诺类比律。这样，已知摩擦系数就可推算表面传热系数。

上面的解只适用于 $Pr = 1$ 的流体，当 $Pr \neq 1$ 时，用 $Pr^{\frac{2}{3}}$ 修正 St，则：$St \cdot Pr^{\frac{2}{3}} = \dfrac{C_f}{2}$，该式为柯尔朋类比律，或称为修正雷诺类比律，其定性温度为 $t_m = \dfrac{t_w + t_f}{2}$，适用于 $Pr = 0.5 \sim 50$ 时的流体。

9.5.3 外掠平板紊流换热

流体平行流过平板的流动换热过程是典型的边界层流动问题，对于边界层层流流动换热可以通过边界层微分方程组的求解获得相应的准则关系式，而紊流问题也可以通过求解边界层积分方程而得出相应的准则关系式。这里不对其进行详细的分析，而是给出其结果。

对于光滑平板，平板紊流局部摩擦系数为 $C_{f,x} = 0.0592\, Re_x^{-\frac{1}{5}}$（适用范围为 $5 \times 10^5 \leqslant Re \leqslant 10^7$），则常壁温外掠平板紊流局部表面传热系数关联式为：$Nu_x = 0.0296\, Re_x^{\frac{4}{5}} \cdot Pr^{\frac{1}{3}}$。

全板平均表面换热系数为：

$$\alpha = \frac{1}{l}\int_0^l h_x \cdot \mathrm{d}x = \frac{1}{l}\left(\int_0^{x_c} h_{x,l}\mathrm{d}x + \int_{x_c}^l h_{x,t}\mathrm{d}x\right)$$

$$= \frac{1}{l}\left(\int_0^{x_c} 0.332\frac{\lambda}{x}Re^{\frac{1}{2}}Pr^{\frac{1}{3}}\mathrm{d}x + \int_{x_c}^l 0.0296\frac{\lambda}{x}Re_x^{\frac{4}{5}}Pr^{\frac{1}{3}}\mathrm{d}x\right)$$

$$= \frac{\lambda}{l}\left(0.664\frac{u_\infty^{\frac{1}{2}}x_c^{\frac{1}{2}}}{\nu^{\frac{1}{2}}} + 0.037\frac{u_\infty^{\frac{4}{5}}l^{\frac{1}{5}}}{\nu^{\frac{4}{5}}} - 0.037\frac{u_\infty^{\frac{4}{5}}}{\nu^{\frac{4}{5}}}x_c^{\frac{4}{5}}\right)Pr^{\frac{1}{3}} \cdot$$

$$= \frac{\lambda}{l}(0.037\,Re^{\frac{4}{5}} - 871)\,Pr^{\frac{1}{3}}$$

$Nu = (0.037\,Re^{0.8} - 871)\,Pr^{\frac{1}{3}}$（适用于：$0.6 \leqslant Pr \leqslant 60$，$5 \times 10^5 \leqslant Re \leqslant 10^8$）
以上局部换热的无量纲准则的特征尺寸为 x，表示从平板前沿的 $x = 0$ 处到平板 x 处的距离。计算整个平板的换热，则特征尺寸为 $x = l$，特征流速为 u_∞，而定性温度为壁面与流体的平均温度，即 $t_m = \dfrac{t_w + t_f}{2}$。

思 考 题

1. 为强化一台冷油器的传热，有人用提高冷却水流速的办法，但发现效果并不显著，试分析原因。

2. 简述对流换热与导热的区别及影响对流换热的基本因素。

3. 说明 Nu 和 Pr 的表示方法和物理意义。

4. 简述管内强制湍流换热准数方程式的应用与计算，注意其中的定型尺寸和定性温度的取法。

5. 说明 Gr 的表示方法和物理意义。简述自然对流换热准数方程式的应用与计算。

6. 影响对流传热的因素有哪几类，各类中又包含哪些主要因素？说明 ρ、μ、c_p、a 等对对流传热的影响趋势。

7. 牛顿冷却定律的表达式是什么，对流传热系数 h 的含义是什么？

8. Pr、Nu 的定义及物理意义是什么？

9. 局部对流传热系数的一般计算式是什么？平均对流传热系数如何得到？

10. 传热边界层概念的要点是什么，δ_t、δ 与 Pr 有什么关系？

11. 管内传热边界层与平壁传热边界层的主要不同点有哪些？

12. 壁面附近湍流换热机理是怎样的？

13. 冷凝方式有哪几种，工程中最常见的是哪种？膜状冷凝的特点是什么？

14. 试述推导膜状冷凝对流传热系数时，简化物理模型的要点及推导过程。

15. 对流换热边界层微分方程组是否适用于黏度很大的油和 Pr 很小的液态金属？

10 质量传输的基本概念和基本规律

质量传输在化工和材料学科中应用很广。传质学研究的问题比较复杂，其难点落在扩散和传质系数的测定。读者宜通过固体物理等学科加强理论基础。

10.1 质量传输的基本概念

传质过程包括相内传质过程和相际传质过程。相内传质过程指的是物质在一个物相内部从浓度（化学位）高的地方向浓度（化学位）低的地方转移的过程。比如煤气、氨气在空气中的扩散，食盐在水中的溶解等。相际传质过程指的是物质由一个相向另一个相转移的过程。相际传质过程是分离均相混合物必须经历的过程，其作为化工单元操作在工业生产中被广泛应用，如蒸馏、吸收、萃取等。

10.1.1 浓度及其表示方法

参与传质过程的混合物中的某一组分的浓度是指单位体积混合物中该组分物质量的多少，一般存在三种常用的浓度表示方法，即：质量浓度 $\rho_i = \dfrac{\mathrm{d}m_i}{\mathrm{d}V}$；摩尔浓度 $C_i = \dfrac{\rho_i}{M_i}$；气体分压浓度 $P_i = \rho_i \dfrac{R}{M_i} T$。

10.1.2 浓度场及浓度梯度

浓度场表示组分浓度在空间和时间上的变化关系。比如组分 i 的浓度场可表示为 $C_i = f(x, y, z, \tau)$。按是否随时间变化而变化，可分为稳态浓度场和非稳态浓度场。

浓度梯度表示传质方向上单位距离上的浓度变化量（最大浓度变率），表达式为 $\mathrm{grad}\, C_i = \dfrac{\partial C_i}{\partial n}$，方向以低浓度向高浓度为正。

10.1.3 菲克定律

菲克第一定律也可用质量浓度表示为：

$$J_i = -D_i \frac{\partial \rho_i}{\partial n}$$

式中，$\dfrac{\partial \rho_i}{\partial n}$ 为浓度梯度；D_i 为扩散系数。

10.2 质量传输的基本规律

10.2.1 定态的一维分子扩散

将流体视为没有空隙的连续介质，当某一个分子进行扩散移动时，其原来所处的位置空了出来，这个空位由何处的其他分子来填充，产生了两类扩散问题：一类是此空位全由后面的分子来填充，此类问题即为单向扩散问题；另一类是此空位全由相反方向的分子来填充，此类问题即为等摩尔相互扩散问题。单向扩散和等摩尔扩散是分子扩散的两个极端，实际扩散一般介于这两者之间。

10.2.1.1 等摩尔相互扩散

根据菲克定律，在两个扩散截面进行积分得：

$$J_A \int_{z_1}^{z_2} \mathrm{d}z = -\int_{p_{A_1}}^{p_{A_2}} \frac{D}{RT}\mathrm{d}p_A \tag{10-1}$$

积分并整理得：

$$J_A = -\frac{D}{RT}\frac{p_{A_2} - p_{A_1}}{z_2 - z_1} = \frac{D}{RTz}(p_{A_1} - p_{A_2})$$

传质通量的另一个参数是相对于固定点的传质通量，一般称其为传质速率，用 N 表示。对于等摩尔相互扩散，有：

$$N_A = J_A$$

同理，对于组分 B 有：

$$J_B = N_B = \frac{D}{RTz}(p_{B_1} - p_{B_2})$$

如果对式（10-1）进行分离变量并积分可得：

$$N_A = J_A = \frac{D}{z}(c_{A_1} - c_{A_2})$$

$$N_B = J_B = \frac{D}{z}(c_{B_1} - c_{B_2})$$

10.2.1.2 单向扩散

对于任何一个 n 组分物系的扩散传质，存在下列普遍关系，即：

$$N_i = J_i + x_i N_t$$

$$N_t = \sum_{j=1}^{n} N_j$$

对于二组分物系的单向扩散（图 10-1），有：

$$N_A = J_A + x_A N_t = J_A + \frac{c_A}{c_t} N_t$$

$$N_B = J_B + x_B N_t = J_B + \frac{c_B}{c_t} N_t$$

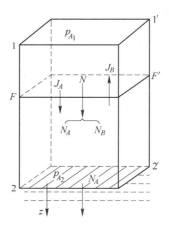

图 10-1   二组分物系的单向扩散

由气液界面可知，$N_B = 0$，则由式（10-1）得：

$$N_A \int_{z_1}^{z_2} \mathrm{d}z = -\frac{PD}{RT} \int_{p_{A_1}}^{p_{A_2}} \frac{\mathrm{d}p_A}{P - p_A} = \frac{PD}{RT} \int_{P - p_{A_1}}^{P - p_{A_2}} \frac{\mathrm{d}(P - p_A)}{P - p_A}$$

由 $J_A + J_B = 0$ 得 $J_B = -J_A$，且 $\dfrac{N_t}{c_t} = -\dfrac{J_B}{c_B}$，代入得：

$$N_A = J_A + \frac{c_A}{c_B} J_A$$

分离变量并积分得：

$$\left(1 + \frac{c_A}{c_B}\right) J_A = \left(1 + \frac{p_A}{p_B}\right) J_A = \frac{p_A + p_B}{p_B} J_A = \frac{P}{P - p_A} J_A = -\frac{P}{P - p_A} \frac{D}{RT} \frac{\mathrm{d}p_A}{\mathrm{d}z}$$

最后得：

$$N_A = \frac{PD}{RT(z_2 - z_1)} \ln \frac{P - p_{A_2}}{P - p_{A_1}} = \frac{PD}{RTz} \ln \frac{p_{B_2}}{p_{B_1}} = \frac{DP}{RTz} \frac{p_{B_2} - p_{B_1}}{p_{B_2} - p_{B_1}} \ln \frac{p_{B_2}}{p_{B_1}}$$

$$= \frac{D}{RTz} \frac{P}{p_{B_m}} (p_{B_2} - p_{B_1}) = \frac{D}{RTz} \frac{P}{p_{B_m}} (p_{A_1} - p_{A_2})$$

10.2.2 分子扩散系数

分子扩散系数为单位浓度梯度下的扩散通量，即：$D = \dfrac{J_A dz}{dc_A}$。扩散系数反映了某组分在一定介质（气相或液相）中的扩散能力，是物质特性常数之一，其值随物系种类、温度、浓度或总压的不同而变化。

10.2.2.1 气体中的扩散系数

通常气体中的扩散系数在压力不太高的条件下，仅与温度、压力有关。根据分子运动论，分子本身运动速度很快，通常可达每秒几百米，但由于分子间剧烈碰撞，分子运动速度的大小和方向不断改变，因此其扩散速度很慢。在常压下，气体扩散系数的范围为 $10^{-5} \sim 10^{-4} \, \text{m}^2/\text{s}$。通常气体中的扩散系数与 $T^{\frac{3}{2}}$ 成正比，与 p 成反比。

10.2.2.2 液体中的扩散系数

溶质在液体中的扩散系数与物质的种类、温度有关，同时与溶液的浓度密切相关，溶液浓度增加，其黏度发生较大变化，溶液偏离理想溶液的程度也将发生变化。所以有关液体的扩散系数数据多以稀溶液为主。液体的扩散系数比气体的扩散系数小得多，其值一般在 $1 \times 10^{-10} \sim 1 \times 10^{-9} \, \text{m}^2/\text{s}$ 的范围内，这主要是由于液体中的分子比气体中的分子密集得多的缘故。液体中的扩散系数通常与温度 T 成正比，与液体的黏度成反比。

10.2.3 单相对流传质速率方程

10.2.3.1 气相对流传质速率方程

吸收的传质速率等于传质系数乘以吸收的推动力。吸收的推动力有多种不同的表示法，而吸收的传质速率方程有也多种形式。应该指出不同形式的传质速率方程具有相同的意义，可用任意一个进行计算；但每个吸收传质速率方程中传质系数的数值和单位各不相同，且传质系数的下标必须与推动力的组成表示法相对应。

气相传质速率方程为：

$$N_A = k_G(p_A - p_{A_i})$$
$$N_A = k_y(y - y_i)$$
$$N_A = k_Y(Y - Y_i)$$

式中，k_G 为以气相分压差表示推动力的气相传质系数；k_y 为以气相摩尔分率差表示推动力的气相传质系数；k_Y 为以气相摩尔比差表示推动力的气相传质系数；p_A、y、Y 分别为溶质在气相主体中的分压、摩尔分率和摩尔比；p_{A_i}、y_i、Y_i 分别为溶质在相界面处的分压、摩尔分率和摩尔比。各气相传质系数之间的关系可通过各组分的表示法间的关系推导，例如当气相总压不太高时，气体按理想气体处理，根据道尔顿分压定律可知：

$$p_A = py$$
$$p_{A_i} = py_i$$

所以类比可得 $k_y = pk_G$；同理导出低浓度气体吸收时，$k_Y = pk_G$。

10.2.3.2   液相对流传质速率方程

液相传质速率方程为：

$$N_A = k_L(c_{A_i} - c_A)$$
$$N_A = k_x(x_i - x)$$
$$N_A = k_X(X_i - X)$$

式中，k_L 为以液相摩尔浓度差表示推动力的液相对流传质系数；k_x 为以液相摩尔分率差表示推动力的液相传质系数；k_X 为以液相摩尔比差表示推动力的液相传质系数；c_A、x、X 分别为溶质在液相主体中的摩尔浓度、摩尔分率及摩尔比；c_{A_i}、x_i、X_i 分别为溶质在界面处的摩尔浓度、摩尔分率及摩尔比。

液相传质系数之间的关系为 $k_x = ck_L$，当吸收后所得溶液为稀溶液时，$k_X = ck_L$。

10.2.4   对流运输

影响对流传质的因素主要有流体流动的起因、流动的性质、流体的物性、表面几何特性等。对流传质量计算采用如下公式：

$$N_i = k_i(C_f - C_w)A \quad 或 \quad J_i = k_i(C_f - C_w)$$

式中，C_f、C_w 分别为流体及表面浓度；A 为传质面积；k 为对流传质系数。影响 k 的因素如流体流动的起因、流动的性质、流体的物性、表面几何特性等。研究对流传质的关键是确定不同条件下的对流传质系数 k_i。

10.3   多组分体系的传质微分方程

总体流动是体系中的各组分以相同速度的流动，由对流引起。质量扩散是由于体系中各组分的浓度不同而引起的各组分的扩散，其叠加在总体流动之上，如图 10-2 所示。

二元体系中组分 A 的质量通量为：

$$\boldsymbol{n}_A = w_A(\rho\boldsymbol{u}) + \boldsymbol{j}_A = \rho_A\boldsymbol{u} + \boldsymbol{j}_A = w_A\boldsymbol{n} + \boldsymbol{j}_A = w_A(\boldsymbol{n}_A + \boldsymbol{n}_B) - D_{AB}\nabla(w_A\rho)$$

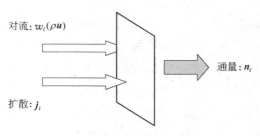

图 10-2　通量的组成

$$j_A = -D_{AB}\,\nabla(w_A\rho) = -D_{AB}\,\nabla\rho_A = -D_{AB}\begin{bmatrix}\dfrac{\partial\rho_A}{\partial x}\\[2mm]\dfrac{\partial\rho_A}{\partial y}\\[2mm]\dfrac{\partial\rho_A}{\partial z}\end{bmatrix}$$

流动体系的传热与传质是类似的现象，有着类似的机理。

类比于非等温体系传热微分方程的分析方法，对多组分非均匀体系的任意组分 i 进行微分质量衡算，可以导出 i 组分的传质微分方程，如图 10-3 所示。i 组分通过对流与扩散与外界的净质量交换速率为：

x 方向：$\left[(\rho_i u_x + j_{ix})_x - (\rho_i u_x + j_{ix})_{x+\Delta x}\right]\Delta y\Delta z$

y 方向：$\left[(\rho_i u_y + j_{iy})_y - (\rho_i u_y + j_{iy})_{y+\Delta y}\right]\Delta x\Delta z$

z 方向：$\left[(\rho_i u_z + j_{iz})_z - (\rho_i u_z + j_{iz})_{z+\Delta z}\right]\Delta x\Delta y$

i 组分在控制体内的质量累积速率为：$(\partial\rho_i/\partial t)\,\Delta x\Delta y\Delta z$

i 组分因化学反应而生成的质量速率为：$r_i\Delta x\Delta y\Delta z$

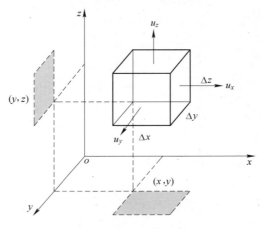

图 10-3　控制体分析

整理后可得：

$$\Delta x\Delta y\Delta z\,\frac{\partial\rho_i}{\partial t} = \Delta y\Delta z\big[(\rho_i u_x + j_{ix})_x - (\rho_i u_x + j_{ix})_{x+\Delta x}\big] + \Delta x\Delta z\big[(\rho_i u_y + j_{iy})_y -$$

$$(\rho_i u_y + j_{iy})_{y+\Delta y}\big] + \Delta x\Delta y\big[(\rho_i u_z + j_{iz})_z - (\rho_i u_z + j_{iz})_{z+\Delta z}\big] + r_i\Delta x\Delta y\Delta z$$

以 $\Delta x\Delta y\Delta z$ 通除上式并取其趋于零的极限，可得：

$$\frac{\partial\rho_i}{\partial t} = \lim_{\Delta x,\,\Delta y,\,\Delta z\to 0} -\left\{\left[\frac{(\rho_i u_x)_{x+\Delta x} - (\rho_i u_x)_x}{\Delta x} + \frac{(\rho_i u_y)_{y+\Delta y} - (\rho_i u_y)_y}{\Delta y} + \right.\right.$$

$$\frac{(\rho_i u_z)_{z+\Delta z} - (\rho_i u_z)_z}{\Delta z}\bigg] - \bigg[\frac{(j_{ix})_{x+\Delta x} - (j_{ix})_x}{\Delta x} + \frac{(j_{iy})_{y+\Delta y} - (j_{iy})_y}{\Delta y} +$$

$$\left.\left.\frac{(j_{iz})_{z+\Delta z} - (j_{iz})_z}{\Delta z}\right]\right\} + r_i$$

整理得 $\dfrac{\partial\rho_i}{\partial t} = -\left[\dfrac{\partial(\rho_i u_x)}{\partial x} + \dfrac{\partial(\rho_i u_y)}{\partial y} + \dfrac{\partial(\rho_i u_z)}{\partial z}\right] - \left[\dfrac{\partial j_{ix}}{\partial x} + \dfrac{\partial j_{iy}}{\partial y} + \dfrac{\partial j_{iz}}{\partial z}\right] + r_i$

因为 $\boldsymbol{n}_i = \rho_i\boldsymbol{u} + \boldsymbol{j}_i$，所以 $\dfrac{\partial\rho_i}{\partial t} + \left(\dfrac{\partial n_i}{\partial x} + \dfrac{\partial n_i}{\partial y} + \dfrac{\partial n_i}{\partial z}\right) = r_i$。

两种不同浓度基准的传质微分方程中总体流动的流速有不同的含义。体系中各组分的速度是体系的总体流速与该组分在体系中的扩散速度之和。

思　考　题

1. 流体中的分子扩散机理是什么？对两组分物系，某物质的扩散速率（通量）的一般表达式是什么？
2. 写出等分子反向、单向扩散速率的推导过程（以 x、y 或 p 表达）。
3. 固相中的分子扩散有几类？其中与孔道结构有关的扩散有几种？每种的大致机理是什么？

11 质量传输基本规律的应用1——扩散传质

扩散传质和传导导热很类似，所以可对比导热这一章学习。学习过程中宜注意两者差别，导热侧重于热流量的计算，而扩散传质则相反，它侧重于扩散系数的测定。

11.1 稳 态 扩 散

11.1.1 气体通过平壁的扩散

考虑氢通过金属膜的扩散，如图 11-1 和图 11-2 所示，金属膜厚度为 δ，两边压力分别为 p_1 和 p_2，扩散一定时间后，金属膜中建立起稳定的浓度分布。

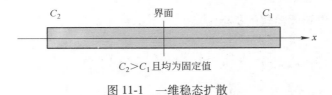

$C_2 > C_1$ 且均为固定值

图 11-1 一维稳态扩散

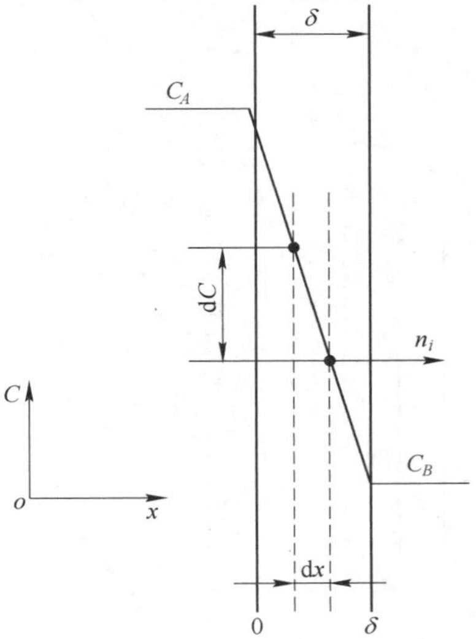

图 11-2 气体通过平壁扩散的浓度场

一维情况下，传质微分方程可写成 $\dfrac{d^2 C}{dx^2} = 0$，稳态扩散的边界条件为：

$$\begin{cases} C\big|_{x=0} = C_A \\ C\big|_{x=\delta} = C_B \end{cases}$$

根据稳态扩散条件有：$C = ax + b$，所以 $a = \dfrac{C_B - C_A}{\delta}$，$b = C_A$。由此得到浓度 C 的表达式为：

$$C(x) = \frac{C_B - C_A}{\delta}x + C_A$$

扩散通量为：

$$J = -D\frac{dC}{dx} = -D\frac{C_B - C_A}{\delta}$$

经过上面的分析得出，在实际中，为了减少储存氢气的泄漏，多采用以下手段：使用球形容器；选用氢的扩散系数及溶解度较小的金属；尽量增加容器壁厚。

11.1.2 气体通过圆筒壁的扩散

通过柱坐标传质微分方程可知原问题的数学描述为 $\dfrac{d}{dr}\left(r\dfrac{dC_i}{dr} \right) = 0$，如图 11-3 所示。根据方程的特点，可得方程的解为 $C_i = C_1 \ln r + C_2$。根据边界条件 $r = r_1$，$C_i = C_1$ 和 $r = r_2$，$C_i = C_2$，得到解析解，则壁内浓度场表达式为：

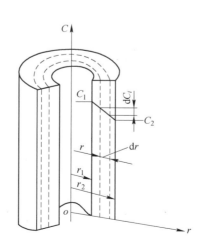

图 11-3 气体经过圆筒壁扩散

$$\frac{C_1 - C_i}{C_1 - C_2} = \frac{\ln\left(\dfrac{r_1}{r}\right)}{\ln\left(\dfrac{r_1}{r_2}\right)}$$

当扩散系数 D_i 为常数时，圆筒壁内浓度场呈对数曲线分布。

11.2 非稳态扩散

由于非稳态扩散的扩散通量 J 随时间而变化，且浓度随位置和时间而变化。因此非稳态扩散的解只能根据所讨论的过程的初始条件和边界条件而定，过程条件不同，方程的解也不同。

11.2.1 一维无穷长系统

无穷长的意义是相对于扩散区长度而言，若一维扩散物体的长度大于 $4\sqrt{Dt}$，则可按一维无穷长处理。

使用菲克第二定律求解：

初始条件，即 $t = 0$ 时 $\begin{cases} C = C_2(x < 0) \\ C = C_1(x > 0) \end{cases}$

边界条件，即 $t \geqslant 0$ 时 $\begin{cases} C = C_2(x = -\infty) \\ C = C_1(x = \infty) \end{cases}$

求解得到：

$$C(x,\ t) = \frac{C_2 + C_1}{2} - \frac{C_2 - C_1}{2}\mathrm{erf}(\beta)$$

其中 $\mathrm{erf}(\beta) = \dfrac{2}{\sqrt{\pi}} \displaystyle\int_0^\beta \exp(-\beta^2)\,\mathrm{d}\beta$ 为高斯误差函数。

扩散偶成分随时间变化的关系如图 11-4 所示。

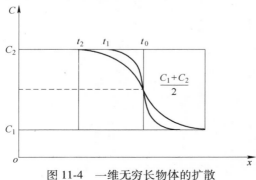

图 11-4　一维无穷长物体的扩散

11.2.2 半无穷长系统

同理，半无穷长系统中表面浓度 C_s 保持不变，而物体长度大于 $4\sqrt{Dt}$，即在无穷长系统非稳态扩散公式中用 C_s 来替代 C_0 即可：

$$\frac{C - C_s}{C_1 - C_s} = \text{erf}(\beta)$$

半无穷长系统扩散的浓度分布如图 11-5 所示。

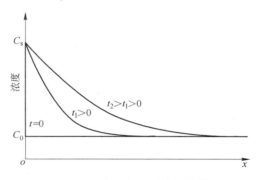

图 11-5　半无穷长系统的扩散

对于金属表面的渗碳、渗氮处理来说，金属外表面的气体浓度就是该温度下金属对相应气体的饱和溶解度 C_0。

思　考　题

1. 流体中的分子扩散机理是什么？对两组分物系，某物质的扩散速率（通量）的一般表达式是什么？
2. 写出等分子反向、单向扩散速率的推导过程。
3. 固相中的分子扩散有哪几类，其中与孔道结构有关的扩散有几种，每种的大致机理是什么？

12 　质量传输基本规律的应用 2——对流传质

　　和扩散传质一样，本章的学习重点仍是传质系数的确定。由于对流传质的复杂性，浓度边界层理论不存在建立的必要性，取而代之的是有效膜理论，这是质量传输与动量传输、热量传输最大的区别。相似特征数的建立更多的是为了实验建立参考值。

12.1　对　流　传　质

　　实际传质设备中的流体总是流动的。如能联想到传热中采取强制对流会更进一步强化传热过程，那么可以预期流体的流动必然会强化相内传质。

12.1.1　对流传质过程

　　运动着的流体与壁面之间或两个可无限互溶的运动流体之间发生的传质，习惯上称为对流传质。对流传质中既有分子传质，又有涡流传质。根据流体流动发生的原因可分为自然对流传质和强制对流传质两类；根据流体的作用方式又可分为流体与固体壁面间的传质及流体与流体之间的传质两类。工程上均采用强制湍流的方式传质。

　　对流传质通量为 $J_A = -(D + D_E) \dfrac{\mathrm{d}c_A}{\mathrm{d}z}$。在湍流主体中，由 $D_E \gg D$ 可得出 $N_A = -\left(\dfrac{D_E}{RT}\right) \dfrac{\mathrm{d}p_A}{\mathrm{d}z}$。在层流内层中，$N_A = -\dfrac{D}{RT} \dfrac{\mathrm{d}p_A}{\mathrm{d}z}$，$D$ 较小，可推导出 $\dfrac{\mathrm{d}p_A}{\mathrm{d}z}$ 较大，$D_E = 0$。在缓冲层内，$N_A = -\left(\dfrac{D + D_E}{RT}\right) \dfrac{\mathrm{d}p_A}{\mathrm{d}z}$，$D$ 和 D_E 势均力敌，都不能被忽略。

12.1.2　对流扩散的有效膜模型

　　目前用得最多的是膜模型，其他的还有溶质渗透理论、表面更新理论。本书只介绍有效膜模型。在大多数传质设备中，流体的流动多属于湍流。流体在作湍流流动时，传质的形式包括分子扩散和涡流扩散两种，因涡流扩散难以确定，故常将分子扩散与涡流扩散联合考虑。有效层流膜是将对流传质的传质阻力全部集中在一层虚拟的膜层内，膜层内的传质形式仅为分子扩散。有效膜厚度 Z_G 为层流内层分压梯度线延长线与气相主体分压线 p_A 相交于一点 G，G 到相界面的垂直距离，如图 12-1 和图 12-2 所示。

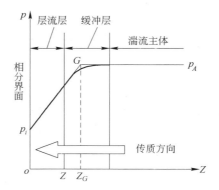

图 12-1 对流扩散过程的有效膜

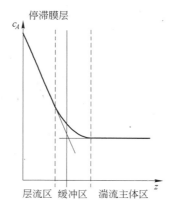

图 12-2 对流传质浓度分布图

有效层流膜提出的意义：有效膜厚 Z_G 是个虚拟的厚度，但它与层流内层厚度 Z_G' 存在着对应关系，即流体湍流程度越剧烈，层流内层厚度 Z_G' 越薄，相应的有效膜厚 Z_G 也越薄，对流传质阻力越小。

12.2 相 间 传 质

实际传质过程往往发生在相际之间。由于在两相界面附近的流体流动状况及传质过程非常复杂，难以进行观测和严格的数学描述，此时采用数学模型法是有益的。先对考察对象进行分析简化，构成传质过程的物理模型，再用已有的理论和数学知识作出描述，建立数学模型，例如采用溶质渗透理论、表面更新理论、界面动力状态理论等。虽然在双膜模型理论的基础上有了一些改进，但这些理论仍存在局限性，只能在一定场合下解释个别现象，不能全面地说明传质过程机理，目前还不能用于工程计算和解决实际问题。所以下面的讨论仍基于传统的双膜模型理论进行讨论。

12.2.1 相间传质的有效膜模型

以气-液相说明双膜理论，如图 12-3 所示。

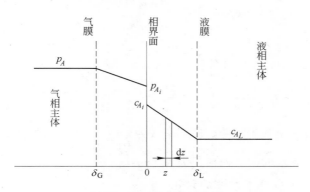

图 12-3 双膜理论示意图

双膜模型的理论要点是：

（1）在气-液两相接触面附近，分别存在着呈滞流流动的稳定气膜和液膜。溶质连续稳定地通过两膜，膜的厚度随流体流动状态而变化。

（2）气-液两相在相界面上呈平衡状态，即相界面上不存在传质阻力。如以低浓度气体溶解为例，则平衡关系服从亨利定律，即有 $c_i = Hp_i$ 或 $c^* = Hp$ ，其中 H 为溶解度系数，单位随 c 和 p 的单位而定。

（3）膜层以外的气、液相主体，由于流体的充分湍动，分压或浓度均匀化，无分压或浓度梯度。

双膜模型通过上述假设把复杂的相间传质过程大大简化，并有一定的实际意义。但是人们在研究强化气液传质过程和提高传质设备生产能力的过程中，已发现了该理论的局限性，如它没有考虑到气、液两相间的相互影响，认为相接触面固定不变，并且认为膜很薄，忽略了溶质在膜中的累积过程。这些假设显然与许多传质过程中的实际现象不符。此后，在双膜理论的基础上，人们又不断提出一些新的理论，例如溶质渗透理论、表面更新理论、界面动力状态理论等。

12.2.2 相间传质速率方程

12.2.2.1 双膜模型的数学描述

根据对流传质公式可知，气膜内传质速率为 $N_A = k_G(p - p_i)$ ；液膜内传质速

率为 $N_A = k_L(c_i - c)$ ；相界面平衡关系为 $c_i = Hp_i$ 或 $c^* = Hp$ 。所以在定态下有：

$$\frac{p - p_i}{c_i - c} = \frac{k_L}{k_G}$$

12.2.2.2　相间传质速率方程

对于亨利定律适于气液平衡的情况，有 $p^* = c/H$ 或 $p_i = c_i/H$ ，可得：

$$N_A = k_L(c_i - c) = k_L H(p_i - p^*) \Rightarrow \begin{cases} N_A/k_L H = p_i - p^* \\ N_A/k_G = p - p_i \end{cases} \Rightarrow$$

$$N_A = \frac{p - p^*}{(1/Hk_L) + (1/k_G)} = \frac{p - p^*}{1/K_G}$$

所以得到 $\dfrac{1}{K_G} = \dfrac{1}{Hk_L} + \dfrac{1}{k_G} \Rightarrow N_A = K_G(p - p^*)$ 。

以气相总传质系数表示的传质速率式为 $\dfrac{1}{K_L} = \dfrac{H}{k_G} + \dfrac{1}{k_L} \Rightarrow N_A = K_L(c^* - c)$ ；以液相总传质系数表示的传质速率式为 $K_G = HK_L$ 。

12.2.2.3　传质速率方程的讨论

因为传质速率＝传质推动力/传质阻力，所以传质阻力具有加和性，即：

$$\frac{1}{K_G} = \frac{1}{Hk_L} + \frac{1}{k_G}, \quad \frac{1}{K_L} = \frac{H}{k_G} + \frac{1}{k_L}$$

即总传质阻力为气膜传质阻力和液膜传质阻力之和。

关于平衡关系（如图 12-4 所示）符合亨利定律传质过程的步骤，与传热的情况类似，作如下分析：

（1）易溶气体，H 很大，所以 $1/Hk_L \to 0$ ，可得 $K_G \approx k_G$ ，为气膜控制（如水吸收 NH_3 ）。

（2）难溶气体，H 很小，所以 $H/k_G \to 0$ ，可得 $K_L \approx k_L$ ，为液膜控制（如水吸收 CO_2 ）。

（3）适中气体，H 适中，所以 $1/Hk_L \neq 0$ 且 $H/k_G \neq 0$ ，为双膜控制（如水吸收 SO_2 ）。

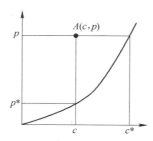

图 12-4　压力和浓度的影响

　　传质速率方程中的各项都是局部值，当然如 k_G、k_L 在传质设备内基本不变，H 恒为常数，则 k_G、k_L 在整个传质设备内也为常数，这样传质速率方程式可以用于整个传质设备。

思 考 题

1. 传质扩散系数、对流传质系数的单位各是什么，各具有什么物理意义？
2. 试说明施密特准数、刘易斯准数、谢伍德准数的物理意义。
3. 试举出 5 个例子说明其中所涉及传热、传质学的知识，以及在解决例子中关键问题时的作用。
4. 动量传输、热量传输和质量传输被称为"三传"。试简述"三传"过程中通量的计算方式及所用到的各量纲符号的意义。
5. 传质扩散系数、对流传质系数的单位各是什么，各具有什么物理意义？
6. 什么是 Sh 数和 Sc 数，各自的表示方法及物理意义是什么？
7. 对流扩散速率大于分子扩散速率的主要原因是什么？
8. 湍流扩散简化模型是什么，传质速率怎样表达？
9. 试述传质边界层概念的要点，δ_c、δ 与 Sc 有什么关系？

参 考 文 献

［1］ BIRD R B, STEWART W E, LIGHTFOOT E N. Transport Phenomena ［M］. New York：John Wiley & Sons Inc. , 1960.

［2］ CHRISTIE J G. Transport Process and Unit Operations ［M］. Third Edition. New Jersey：A Simon & Sechsuter Company, 1993.

［3］ DONALD Q K. Process Heat Transfer ［M］. New York：McGraw-Hill, 1990.

［4］ PERRY R H, GREEN D W. Perry's Chemical Engineers' Handbook ［M］. Seventh Edition. New York：McGraw-Hill, 1997.

［5］ PETER R H. Chemical Engineering Handbook ［M］. Sixth Edition. New York：McGraw-Hill Inc, 2001.

［6］ PETERS M S, TIMMERHAUS K D. Chemical Engineers' Handbook ［M］. Seventh Edition. New York：McGraw-Hill, 1997.

［7］ PORTER M C. Handbook of Separation Techniques for Chemical Engineering ［M］. New York：McGraw-Hill, 1979.

［8］ ROBERT S B, HARRY C H. Transport Phenomena A Unified Approach ［M］. New York：McGraw-Hill, 1988.

［9］ SMITH H K. Transport Phenomena ［M］. Oxford：Clarendon Pr. , 1989.

［10］ STREETER V L, WYLIE E B. Fluid Mechanics ［M］. Eighth Edition. New York：McGraw-Hill, 1985.

［11］ WARREN L McC, JULIAN C S, P H. Unit Operations of Chemical Engineering ［M］. Sixth Edition. New York：McGraw-Hill, 2001.

［12］ 陈涛, 张国亮. 化工传递过程基础 ［M］. 2 版. 北京：化学工业出版社, 2002.

［13］ 蒋维钧, 雷良恒, 刘茂村. 化工原理(下册)［M］. 2 版. 北京：清华大学出版社, 2003.

［14］ 王运东. 传递过程原理 ［M］. 北京：清华大学出版社, 2002.

［15］ 吴望一. 流体力学（上册）［M］. 北京：北京大学出版社, 2010.

［16］ 杨世铭, 陶文铨. 传热学 ［M］. 2 版. 北京：高等教育出版社 , 2006.

［17］ 周俐. 冶金传输原理 ［M］. 北京：化学工业出版社, 2010.

［18］ HOLMAN J P. Heat Transfer ［M］. 北京：机械工业出版社, 2005.

［19］ 章熙民, 等. 传热学 ［M］. 北京：中国建筑工业出版社, 2001.